COSMICOMIC

이 도서의 국립중앙도서관 출판시도서목록(CIP)은
서지정보유통지원시스템 홈페이지(http://seoji.nl.go.kr)와
국가자료공동목록시스템(http://www.nl.go.kr/kolisnet)에서
이용하실 수 있습니다. (CIP제어번호: CIP 2014023876)

COSMICOMIC

코스믹코믹 :
빅뱅을 발견한 사람들

아메데오 발비 글 / **로사노 피치오니** 그림
김현주 옮김 / **이강환** 감수 및 해제

푸른
지식

빅뱅이론을 완성한 연구자들의 긴 여정

전파천문학자인 아노 펜지어스와 로버트 윌슨은 우주배경복사를 발견한 공로로 1978년 노벨 물리학상을 수상했다. 그들의 동료는 그 행운을 이렇게 요약했다. “그들은 똥을 찾다가 금을 발견했다. 우리들 대부분의 경험과는 정반대다.” 하지만 펜지어스와 윌슨이 우주배경복사를 발견한 것은 순전히 운이 좋았기 때문만은 아니었다. 이들이 나타나지 않았다면 같은 발견으로 노벨상을 받을 수도 있었던 로버트 디키의 제자 데이비드 윌킨슨은 이렇게 말했다. “그들은 정말 기가 막힌 장비를 만들었어요. 내가 알고 있는 최고의 전파망원경 전문가들입니다. 아마도 대부분의 사람들이 포기하고 말았을 상황에서도 그들은 절대 포기하지 않았어요.”

우주, 어디까지 알고 있니

불과 100년 전만 하더라도 사람들은 우리 은하가 우주의 전부라고 생각했다. 1920년 워싱턴에서 많은 과학자들이 모인 가운데, 하버드 대학의 천문학자 할로 섀플리와 릭 천문대의 천문학자 허버 커티스는 ‘우주의 크기’라는 주제로 일대 토론을 벌였다. 섀플리는 우리 은하의 크기가 약 30만 광년이며, 태양계는 우리 은하의 가장자리에 있다고 주장했다. 그리고 희미하게 보이는 나선 성운들은 우리 은하 내부에 있는 천체라고 주장했다. 반면 커티스는 우리 은하의 크기가 섀플리가 주장한 것보다 열 배나 작다고 했다. 태양은 우리 은하의 중심부에 있고, 나선 성운들은 우리 은하 바깥에 있으며 우리 은하와 같이 많은 별들로 이루어져 있다고 주장했다. 결과적으로 태양계의 위치는 섀플리가 맞았고 나선 성운들이 외부 은하라는 것은 커티스가 맞았으므로 이 논쟁은 무승부였다고 볼 수 있다.

이 논쟁이 생긴 이유는 나선 성운들까지의 거리를 구할 수 없었기 때문이었다. 이를 해결하기 위해서는 나선 성운들까지의 거리를 알아내야만 했다. 어려울 것으로 보였던 이 문제는 불과 4년 만에 해결되었다. 1924년, 마운트 윌슨 천문대에서 일하던 에드윈 허블이 안드로메다 성운까지의 거리를 측정하여 이 성운이 우리 은하 외부에 있는 다른 은하라는 사실을 밝혀낸 것이다. 허블은 청각장애인 여성 천문학자 헨리에타 레빗이 발견한 거리 측정 도구인 세페이드 변광성을 이용했고, 고등학교를 중퇴한 관측전문가 밀턴 휴메이슨의 도움을 받아서 이 발견을 해낼 수 있었다.

이어 허블은 다른 은하들까지의 거리도 구하여 1929년에는 멀리 있는 은하일수록 더 빠른 속도로 멀어진다는 '허블의 법칙'을 발견하였다. 이것은 우주가 팽창하고 있다는 분명한 증거였다. 우주의 팽창은 이미 아인슈타인의 일반상대성이론으로도 예측할 수 있는 현상이었다. 소련의 알렉산드르 프리드먼과 벨기에의 조지 르메트르가 이미 이러한 주장을 제기했었지만, 정작 아인슈타인은 그들의 주장을 무시했다가 허블의 관측 이후에 그것이 자신의 최대 실수였다고 인정했다.

결정적인 증거가 된 사소한 발견, 우주배경복사

우주가 팽창하고 있다면 과거의 우주는 지금보다 더 작았을 것이다. 더욱더 먼 과거로 시간을 돌린다면 우주는 결국 한 점으로 모일 수밖에 없다. 프리드먼의 제자였던 조지 가모프는 우주가 바로 이 한 점에서 어느 순간 탄생했다는 빅뱅이론을 제안했다. 그러나 우주의 시작이 있다는 이론을 받아들일 수 없었던 영국의 프레드 호일을 비롯한 몇몇 과학자들은 우주가 팽창하면서 새로운 공간과 함께 새로운 물질도 계속 생성해 낸다는 주장을 펼쳤다. 이것이 우주가 과거나 지금이나 항상 같은 상태로 남아 있다는 정상상태우주론이다.

이 두 이론 중에서 어느 것이 맞는지 알 수 있는 방법이 있었다. 빅뱅이론이 맞다면 빅뱅 직후에 뜨거웠던 우주가 팽창과 함께 냉각되었기 때문에 우주 전체가 균일한 온도의 열을 가지고 있어야 한다. 이 열은 우주의 모든 방향에서 초단파를 방출하는데 이것을 우주배경복사라고 한다. 1960년대에 프린스턴 대학의 로버트 디키를 중심으로 한 과학자들은 이 우주배경복사를 측정하려고 시도하고 있었다.

비슷한 시기 바로, 벨 연구소에서 일하고 있던 펜지어스와 윌슨이 전파망원경을 이용하여 우리 은하에서 나오는 전파를 관측하고자 시도하고 있었던 것이다. 이상하게도 전파망원경에서는 원인을 알 수 없는 미세한 잡음이 관측되었고, 이들은 동료 천문학자를 통해 바로 이웃인 프린스턴에 있는 디키와 연락을 하게 되었다. 그리고 본인들이 알지도 못하는 사이 빅뱅의 증거를 발견했다는 사실을 알게 되었다. 자연스럽게 정상상태우주론은 역사의 뒤꼍으로 사라져갔다.

막 태어난 우주는 모든 물질과 에너지가 좁은 영역에 서로 뒤섞여 있는 뜨겁고 복잡한 곳이었다. 이때의 우주는 온도와 밀도가 너무 높아 입자들이 모두 빠르게 움직였다. 빛도 입자들과의 충돌 때문에 자유롭게 움직일 수가 없었다. 그러다가 우주가 팽창을 하게 되자 밀도와 온도가 낮아지면서 입자들의 움직임도 느려지고 빛이 자유롭게 다닐 수 있게 되었다. 이것은 초기 우주의 특정 시점에 순간적으로 벌어진 일이다. 이 사건은 우주가 태어난 지 약 38만 년 후에 일어났고, 이때 우주의 온도는 약 3천 도였다. 이 순간에 자유롭게 빠져나온 빛이 우주의 팽창과 함께 냉각되어 지금은 초단파로 관측되는 것이다. 이것이 바로 우주배경복사이다.

우주배경복사는 빅뱅이론의 강력한 증거가 되기도 하지만 우주의 탄생과 진화를 연구하는 데에도 매우 중요한 역할을 한다. 우리가 알고 있는 우주의 나이는 우주배경복사를 정밀하게 관측하여 알아낸 것이고, 빅뱅으로 탄생한 우주가 어떻게 현재의 모습을 갖추게 되었는지도 우주배경복사를 이용하여 연구하고 있다. 우주배경복사를 정밀하게 관측하기 위한 중요한 우주망원경만 3대나 될 정도로 우주배경복사 관측은 현대우주론에서 핵심적인 주제가 되고 있다.

우주와 함께 우주에 대한 궁금증도 팽창한다

우주에 대한 이야기는 언제나 많은 사람들의 상상력을 자극한다. 그리고 우주는 언제나 우리의 상상을 뛰어넘는 놀라운 비밀들을 조금씩 보여 주었다. 지구는 우주의 중심이 아니었다. 우리 은하에는 태양과 같은 별이 수천억 개나 있고, 그 별들도 태양과 같이

행성을 가지고 있으며 우리 은하와 같은 은하가 또 수천억 개나 있다. 이렇게 거대한 우주가 138억 년 전에는 무한히 작은 하나의 점에서 태어난 것이다. 지금도 팽창을 계속하고 있고, 그 속도는 점점 빨라지고 있다.
과학자들이 노력하여 우주의 비밀을 한 꺼풀씩 벗겨낼 때마다 우주는 그 이상의 더 많은 의문점들을 제시한다. 어쩌면 끝이 없을지도 모르는 지난한 과정일 수 있지만 이 점이 바로 우주를 탐구하면서 얻을 수 있는 최고의 즐거움이기도 하다. 무엇이 나타날지 모르는 미지의 세계로 떠나는 모험만큼 짜릿한 것이 또 어디 있겠는가. 우주의 비밀을 밝혀내는 과학자들의 삶은 그 자체가 하나의 감동으로 다가올 것이다.

국립과천과학관 이강환 박사

감수 및 해제 이강환
서울대학교 천문학과를 졸업하고 같은 대학원에서 천문학 박사학위를 받은 뒤, 영국 켄트 대학에서 로열 소사이어티 펠로우로 연구를 수행했다. 현재 국립과천과학관에 재직하면서 천문 분야와 관련된 시설 운영과 프로그램 개발을 담당하고 있다. 저서 『우주의 끝을 찾아서』가 있고, 옮긴 책으로 '신기한 스쿨버스' 시리즈와 『세상은 어떻게 시작되었는가』, 『우리는 모두 외계인이다』(공역), 『우리 안의 우주』 등이 있다.

"하나님이 이르시되,
빛이 있으라 하니"

"빛이 있었고"

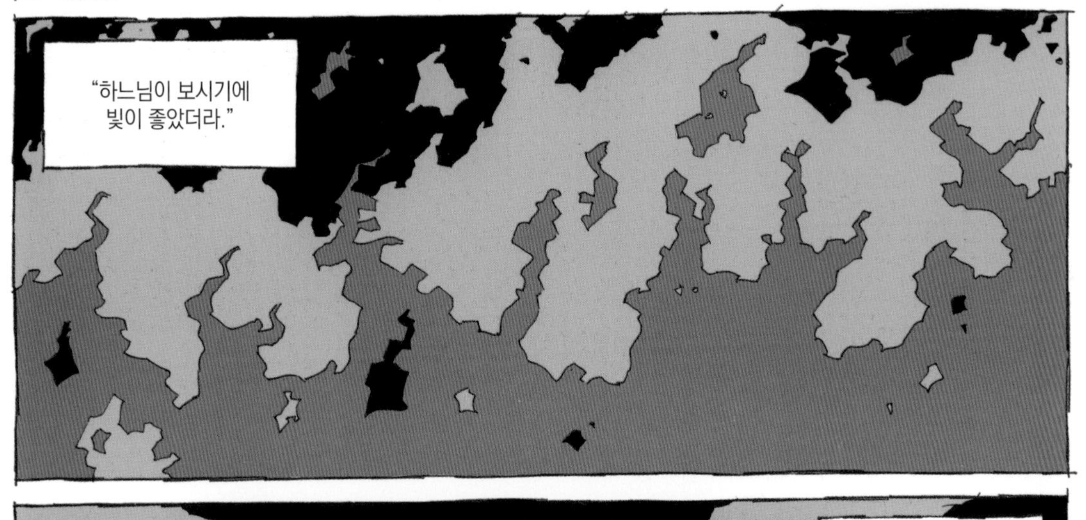
"하느님이 보시기에
빛이 좋았더라."

"하나님이
빛과 어둠을 나누사."

우주의 기원이라는 창세기.
어린 시절 유태인 학교에 다닐 때 그렇게 배웠다.

나는 무척 엄격한 집안에서 자랐다.
우리 집안 사람들은 히틀러의 승리를 인정하지 않으려 했던 것 같다.

나는 1939년도에 독일을 떠났다. '수정의 밤*' 이후, 영국인들이 어린 아이들만이라도 살리기 위해 인도주의적 호송을 계획한 날이었다.
부모님은 나와 남동생을 영국으로 가는 기차에 태웠다.

* 독일의 나치 대원들이 독일 전역의 유대인 가게를 약탈하고 유대교 사원에 방화한 사건.

그리고 우리 둘의 짐이 담긴
가방 하나와 과자 봉지 하나를
손에 들려 주셨다.
그날 코트 단춧구멍에 내 이름
'아노 펜지어스'라고 적힌 이름표가
매달려 있던 것이 아직도 기억난다.

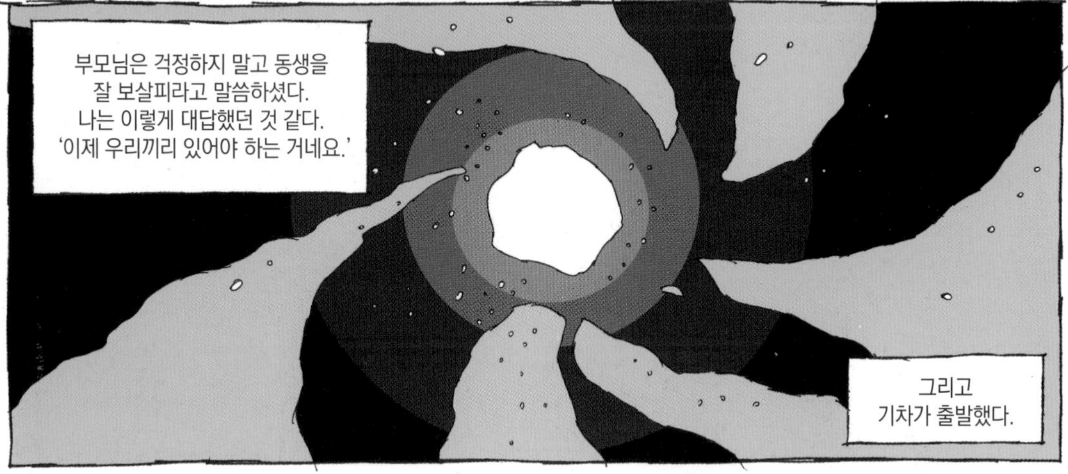
부모님은 걱정하지 말고 동생을
잘 보살피라고 말씀하셨다.
나는 이렇게 대답했던 것 같다.
'이제 우리끼리 있어야 하는 거네요.'
그리고
기차가 출발했다.

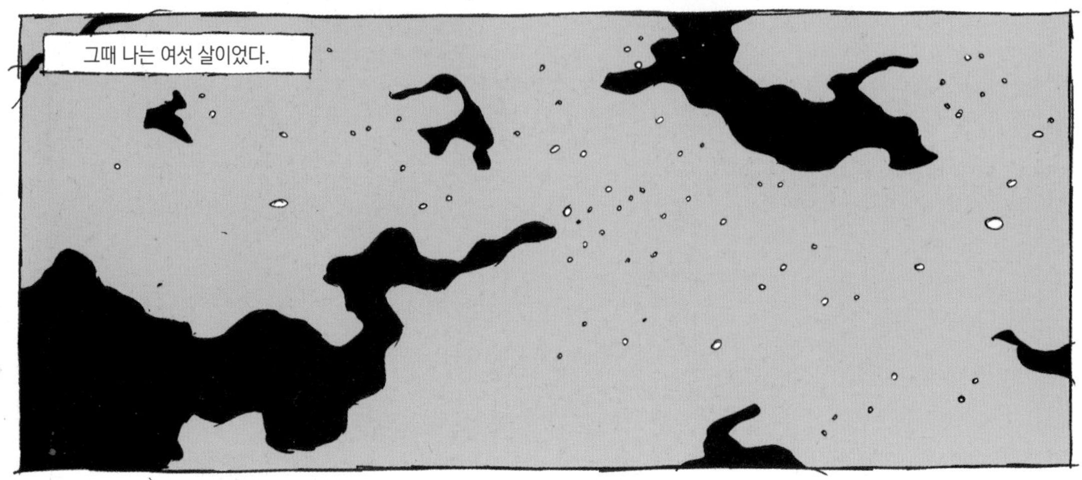
그때 나는 여섯 살이었다.

동생과 나는 영국에 있는
어느 노동자 계급의 유태인 가정에서
일 년 동안 살았다.
그분들은 우리에게 최대한
잘해 주려고 애쓰셨다.
우리가 끝까지
살아남으면,
우리도 그분들에게
그렇게 해야 한다.
우리 가족은 1940년이 되어서야
뉴욕에서 다시 합칠 수 있었다.
그곳에서 처음부터 다시 시작했다.
그래도 우리 가족은 운이 좋았다.
내일 무슨 일이 생길지
아무도 모른다는 것을
나는 아주 어릴 때 배웠다.

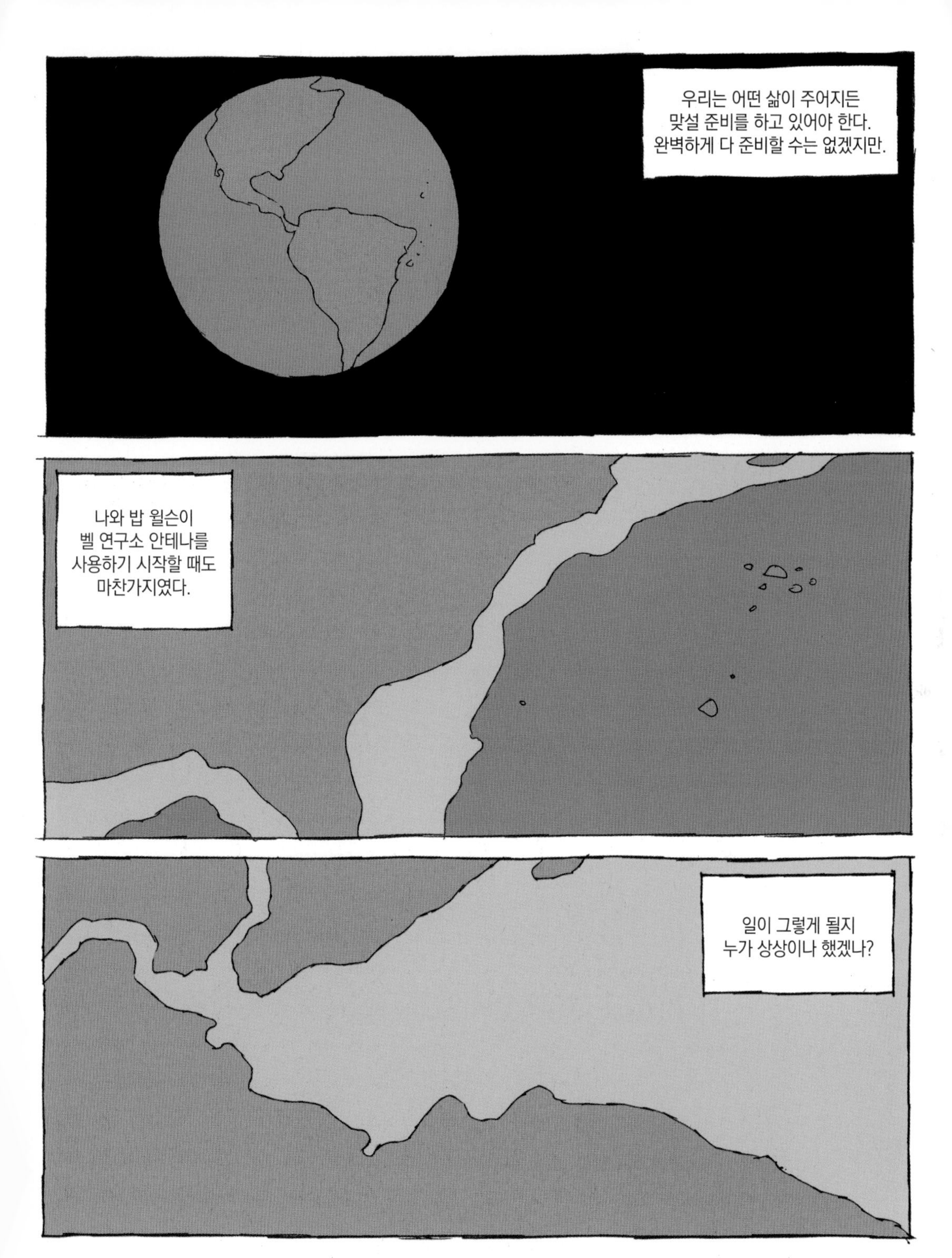
우리는 어떤 삶이 주어지든
맞설 준비를 하고 있어야 한다.
완벽하게 다 준비할 수는 없겠지만.
나와 밥 윌슨이
벨 연구소 안테나를
사용하기 시작할 때도
마찬가지였다.
일이 그렇게 될지
누가 상상이나 했겠나?

1964년 미국, 뉴저지, 홈델, 벨 연구소.
그럼 어떻게 되는 거야, 밥? 우린 망한 건가?
뭐, 안테나 문제를 해결 못하면 은하수 전파 방출 측정 계획과는 안녕이라고 할 수 있지.

다시 정리해 보세. 데이터에 소음이 있는데 우리가 예상한 것처럼 안테나 어딘가에서 나오는 게 아니라는 거잖아.
그리고 대기 때문일 수도 있다는 점은 제외했어. 이 소음이 은하계나 다른 천체에서 온 건 아닐 거야.
맞아.
자네가 나보다 더 잘 알잖아, 아노.

그렇다고
뉴욕에서 오는
소음도 아냐.
내가 오늘 아침에
실험해 봤는데,
그쪽으로 안테나를
향하게 해도
소음은 그대로야.
결국 안테나
자체가 문제로군.
그럼 할 일은 딱
하나밖에 없네.
뭔데?
안테나를
다 분해해서 처음부터
다시 시작하는 거지.

어쨌든 그 소음이
어디서 오는 건지는
밝혀내게 될 거야.
아마 온 우주를 다 뒤질
필요는 없을걸.

1920년 4월 26일
미국, 워싱턴, 국립학술원 회의,
국립자연사박물관,
우주는 얼마나 클까요?

우리 은하계가 우주에 존재하는 전부일까요? 요즘 나오는 고성능 망원경으로 관찰한 수많은 소용돌이 성운들도 혹시 우리와 같은 은하계는 아닐까요? 여러분도 아시겠지만, 이 문제는 상당히 논란이 되고 있는 주제죠.
그래서 저희가 두 분의 저명한 천문학자를 모셨습니다. 이 문제에 대한 상반된 관점을 공식적으로 표명해 주실 겁니다.

릭 천문대의 허버 커티스 교수님이십니다.

이쪽은 마운트 윌슨 천문대의 할로 섀플리 교수님입니다. 섀플리 교수님께서 먼저 말씀해 주시죠.

감사합니다,
여러분.

제가 여러분께
천문학에서 제일 복잡한
문제 중의 하나가
우주에서 거리를 측정하는
것이라고 말하면 지나친
불평이겠죠.

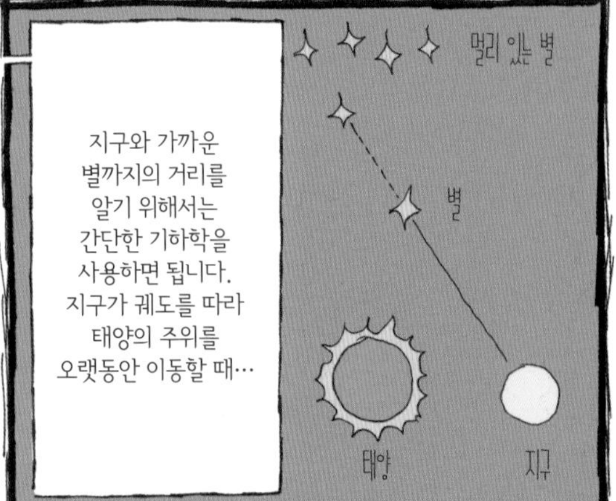
지구와 가까운
별까지의 거리를
알기 위해서는
간단한 기하학을
사용하면 됩니다.
지구가 궤도를 따라
태양의 주위를
오랫동안 이동할 때…
멀리 있는 별
별
태양
지구

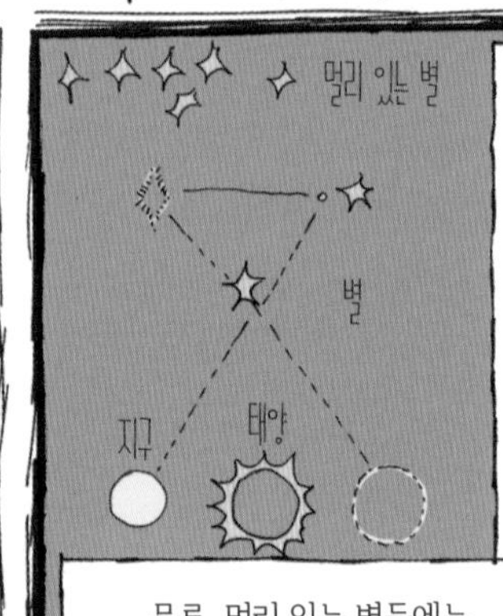
멀리 있는 별
별
지구
태양
멀리 고정되어 있는
별들을 기준으로
관찰하면 가까이 있는
별이 이동하는 것을
볼 수 있습니다.
이 이동거리를 측정하면
별까지의 거리를
거슬러 올라가
볼 수 있어요.
물론, 멀리 있는 별들에는
이 논리가 적용되지 않습니다.

멀리 있는 별에는 다른 원리를
적용할 수 있습니다. 지구에서 멀리
떨어져 있으면 비슷한 별이라도
가까이 있는 별보다 덜 반짝이는 것처럼
보입니다. 똑같은 양초 두 개를
다른 위치에 놓고 불을 밝혀도
같은 현상을 경험할 수 있죠.

이때, 우리가 어떤 방식으로든
별의 실제 광도를 알고 있으면,
눈에 보이는 광도를 측정해 별까지의 거리를
계산할 수 있습니다.

지난 몇 년 간
저는 수십 개 구상성단*의
거리를 신중하게
측정했습니다.

여러분도 아시다시피,
우리 은하에서 보이는
구상성단 속에는 수만,
혹은 수십만 개의 별이 있습니다.

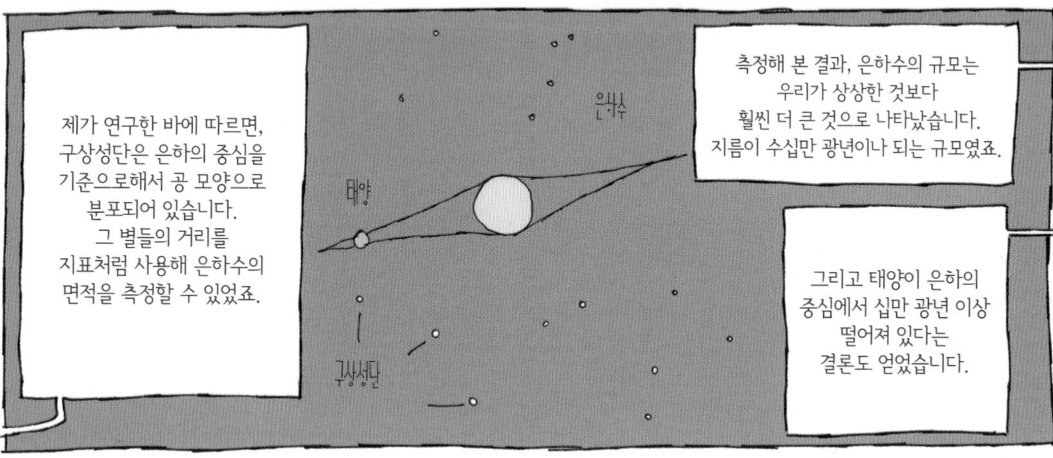

제가 연구한 바에 따르면,
구상성단은 은하의 중심을
기준으로해서 공 모양으로
분포되어 있습니다.
그 별들의 거리를
지표처럼 사용해 은하수의
면적을 측정할 수 있었죠.
은하수
태양
구상성단
측정해 본 결과, 은하수의 규모는
우리가 상상한 것보다
훨씬 더 큰 것으로 나타났습니다.
지름이 수십만 광년이나 되는 규모였죠.
그리고 태양이 은하의
중심에서 십만 광년 이상
떨어져 있다는
결론도 얻었습니다.

코페르니쿠스는 지구가 우주의 중심이
아니라는 것을 보여줬죠. 저는 우리 태양계도
우주의 중심이 아니라고 추측하고 있습니다!
하지만 나선형 성운이
가진 특성과 그와 관련된
문제에 대해서는
커티스 교수님께 의견을
구하고 싶군요.
저는 그 문제에 대해서는
명확한 결론을 내리고
싶지 않습니다.

한 가지 제 생각을 말씀드리자면, 나선형 성운들이
정말 우리 은하와 면적의 비율이 비슷하기 위해서는
우리 은하와 상상하기 어려울 정도로 먼 거리에 있어야 합니다.

* 은하를 중심으로 궤도를 가진 구형을 이룬 별들의 집단.

말씀 감사합니다,
섀플리 교수님.
여러분, 나선형 성운이라는 것은
어떤 것일까요?

저희가 쓰는 망원경으로는
성능이 아주 좋은 것이라도 성운이
뿌옇고 희미한 얼룩으로만 보입니다.
우리 눈으로는 그저 단순한 구름인지,
거대한 별의 집합체인지 구분할 수가 없어요.

임마누엘 칸트는 처음으로
나선형 성운이 우리 은하수와 똑같이
수많은 별로 구성된 '섬 우주'라는
가설을 세웠습니다.
그런데 안타깝게도
자신의 가설을 시험할 만한
도구가 없었죠.

하지만 지금은 장비가 좋아져서
이 성운들의 빛이 우리가 기대했던
특성을 가지고 있다는 것을 증명하기 시작했습니다.
구름이 아니라 거대한 별의 집합체가
만들어낸 빛이라는 거죠.

또 이제는 우리 은하계도 외부에서는
거대한 나선형 성운처럼 보인다는 것을
증명할 만한 근거도 가지고 있습니다.

나선형 성운 내부에서
수많은 신성들이
관찰됐습니다.
여러분도 아시겠지만
신성은 갑자기 나타났다가
어느 정도 시간이 지나면
사라지는 별입니다.

이것은 성운이
사실상 별의 거대한
집합체라는 것을
명확하게 증명해 주는
예라고 볼 수 있습니다.

여러분, 인간의 지성은
놀랍게도 개념 몇 가지로
이 현상을 표현했습니다.
지구는 은하계를 구성하는 수백만 개의
행성 중 작은 편에 속하고 우리는 그곳에 사는
아주 작은 생명체입니다. 그런데도 다른
행성들의 경계 너머를 볼 수 있고, 수십억,
어쩌면 그보다 더 많은 수의 태양으로 이루어진
다른 은하계를 관찰할 수 있습니다.
그리고 그러한 관찰을 통해 우리는 수십억 광년의
우주 공간에 침투하고 있습니다.

짝
짝
짝
짝
짝
짝
짝
짝
짝
짝
짝
짝
짝
짝
짝
짝

훌륭한 발표였습니다, 커티스 교수님.
고맙습니다, 섀플리 교수님. 저도 교수님의 말씀 무척 감동적이었습니다.

솔직히 저는 교수님이 섬 우주 이론에 전혀 반대되는 생각을 말씀하실 줄 알았습니다.
이런, 제 분야에 대해 잘 모르시는군요. 저희는 아직 나선형 성운에 대해서는 아는 게 별로 없습니다.

글쎄요, 마운트 윌슨 천문대의 2.5미터짜리 새 망원경을 사용하면 교수님은 분명히 이 문제에 대해 해답을 제시할 수 있으실 겁니다.
저는 정말 되도록 빨리 마운트 윌슨에서 떠나고 싶습니다!

제가 이번에 하버드 천문대의 관리책임자로 추천됐거든요.

1923년 10월 6일,
미국, 캘리포니아, 마운트 윌슨 천문대.

존스!
?
내 조교는 대체 어디로 사라진 거지?
존스 씨가 몸이 아픈 모양입니다, 허블 박사님.
아프다고? 맙소사! 오늘 밤은 구름 한 점 없는 완벽한 날인데!

세계 최고 망원경이 손에 있는데
그걸 작동시킬 사람이
아무도 없잖아!
음….
제가 도와드릴 수
있을 것 같은데요.

도와주신다고요?
우리가 아는
사이인가요?

저는 밀턴 휴메이슨입니다.
새 망원경을 설치하는 동안
여기 노새를 몰고 왔었어요.
지금은 청소를 하고 있는데,
조수분이 일하는 것을
계속 봤어요. 그래서 어떻게
조작하는지 알아요.

안될 것 없겠는데요?
좋습니다, 휴메이슨 씨. 제가 지시하는 대로 해 주세요.
망원경이 안드로메다 별자리 중 M31 나선형 성운 쪽으로 향하게 할 겁니다. 지난밤에 그 성운 속에서 새로운 신성을 본 것 같아요.
자세히 살펴봐야겠어요.
준비되었습니다, 허블 박사님.
허블 소령이라고 불러 주세요. 제가 전쟁 때 진급을 했거든요.

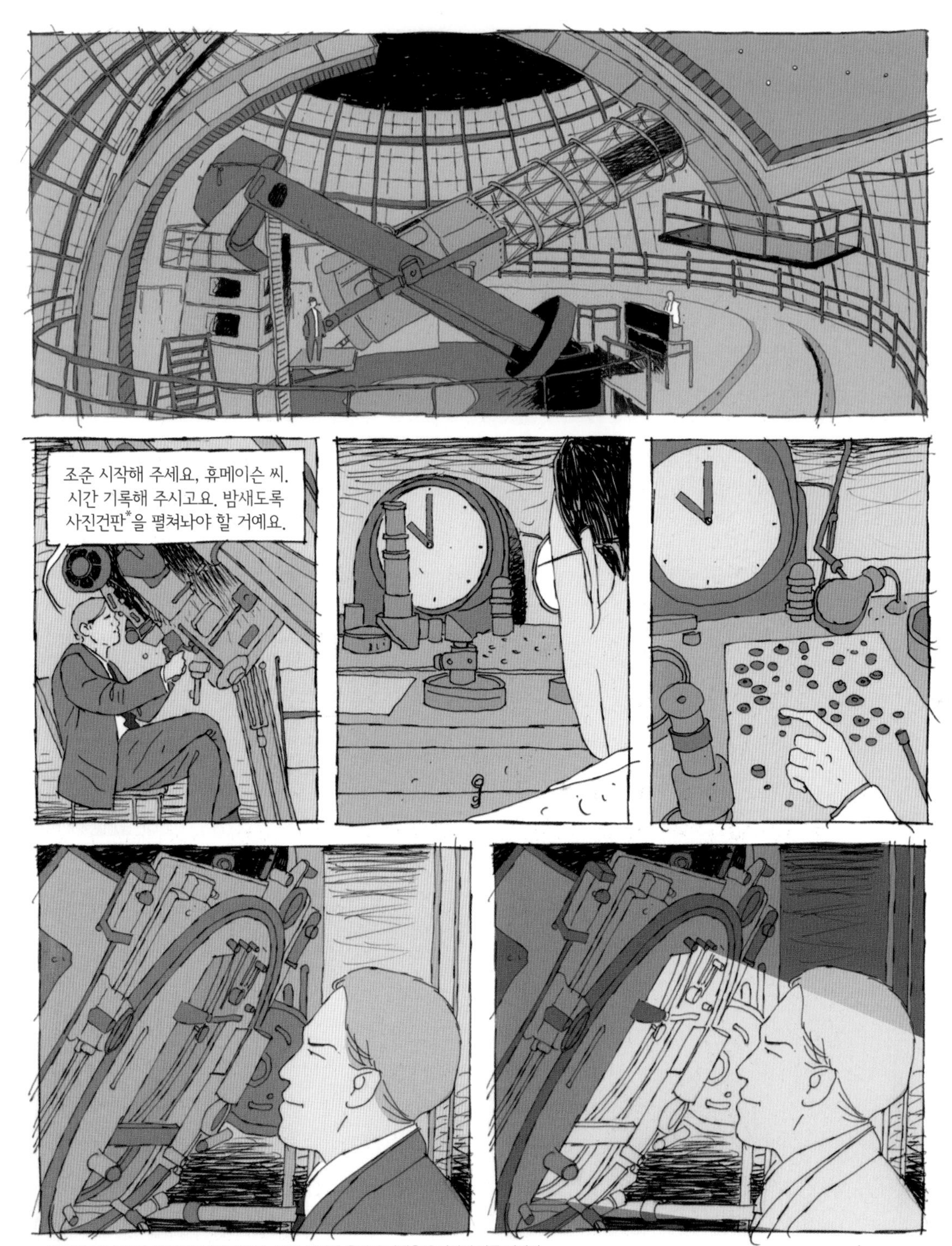
조준 시작해 주세요, 휴메이슨 씨.
시간 기록해 주시고요. 밤새도록
사진건판*을 펼쳐놔야 할 거예요.

* 사진 필름이 나오기 전에 사용하던 것으로, 빛에 민감한 은염 유화액을 유리판에 바른 감광판.

됐습니다.
좋아요, 휴메이슨 씨.
건판 준비 됐어요.
암실로 갑시다.

* cepheid. 세페우스 자리 δ별형 변광성.

십 년 전쯤에
헨리에타 레빗이라는
사람이 하버드 천문대에서
아주 대단한 것을 발견했어요.
세페이드의 밝기가 변화하는
속도와 밝기 자체에 어떤 관계가
있다는 것을 알아낸 거죠.

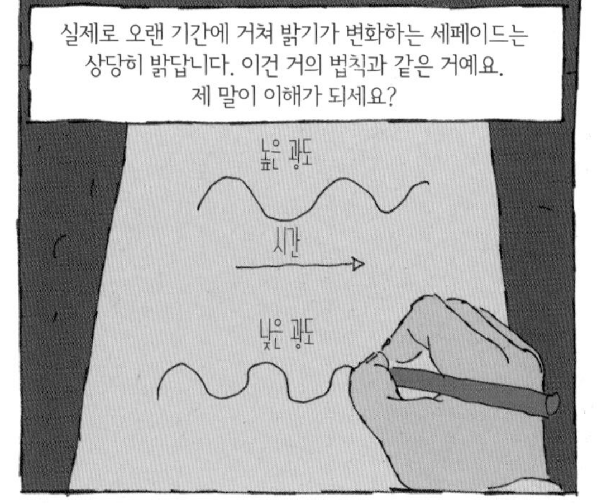

실제로 오랜 기간에 거쳐 밝기가 변화하는 세페이드는
상당히 밝답니다. 이건 거의 법칙과 같은 거예요.
제 말이 이해가 되세요?
높은 광도
시간
낮은 광도

이런 관계가 있다는 것은 세페이드를 어느 정도
관찰해서 빛이 가장 밝을 때부터 가장 어두울 때까지
며칠이 걸리는지만 헤아리면 본래의 밝기를
거의 정확하게 알아낼 수 있다는 것을 의미하죠.

그리고 별의 원래 밝기를 알면 현재의 밝기와
비교해 지구까지의 거리를 추정해 볼 수 있어요.
이제 M31에서 세페이드 성운을 발견하는 게
어떤 의미인지 아시겠어요?

성운의 거리를 완벽하게 측정할 수 있다는 말씀이시죠?

바로 그거죠!
상당히 센스가 있으시네요,
휴메이슨 씨.
찰칵

소장님께 휴메이슨 씨를
제 고정 조수로 삼아도 될지
물어봐야겠어요.
제가 교수님의 조수를요?
전 학교도 제대로 다니지
못했는걸요!

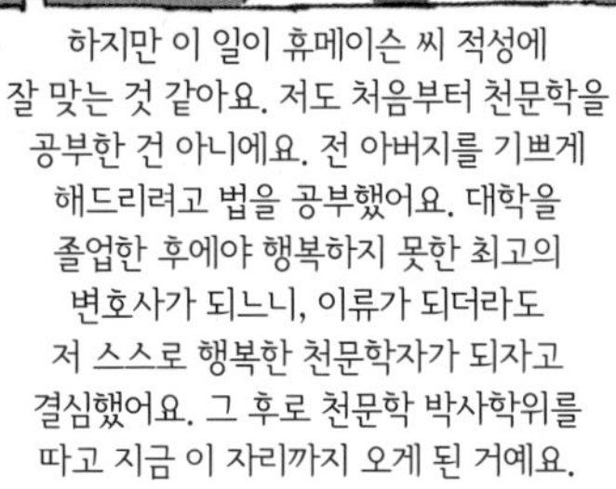
하지만 이 일이 휴메이슨 씨 적성에
잘 맞는 것 같아요. 저도 처음부터 천문학을
공부한 건 아니에요. 전 아버지를 기쁘게
해드리려고 법을 공부했어요. 대학을
졸업한 후에야 행복하지 못한 최고의
변호사가 되느니, 이류가 되더라도
저 스스로 행복한 천문학자가 되자고
결심했어요. 그 후로 천문학 박사학위를
따고 지금 이 자리까지 오게 된 거예요.

그럼 저는 이제 우주의 크기를
재러 가봐야겠어요.

1924년 2월 19일,
미국, 매사추세츠 주 케임브리지,
하버드 천문대.
워싱턴 카네기 협회
캘리포니아, 패서디나, 마운트 윌슨 천문대

매사추세츠 주 케임브리지 하버드 대학 천문대 소장,
할로 섀플리 박사님께

교수님께서 흥미로워하실 일이 있습니다. 제가 M31 안드로메다 대성운에서 세페이드를 발견했답니다! 올해 날씨가 좋을 때마다 세페이드 성운을 유심히 관찰했거든요. 그런데 지난 5개월 동안 두 개의 별이 변화하는 것을 목격했고, 자세히 살펴보면 다른 별들도 그럴 것 같다는 생각이 들었습니다.

지금까지 제가 분석한 자료들을 바탕으로 하면 M31의 거리는 대략 100만 광년 정도일 것으로 예상됩니다.
그런 결과를 놓고 보면 M31이 은하수 밖에 있는 성운이라는 점은 의심할 여지가 거의 없습니다.
그럼 이만 인사 올립니다.
에드윈 허블

이 편지는 나의 우주를 파괴해 버렸다.

내일 우리에게 무슨 일이 일어날지는
정말 아무도 모른다.

허블이 마운트 윌슨
천문대에 왔을 때,
섀플리는 하버드 대학으로
가서 천문대 소장이 되려고
했다. 사실 나는 두 사람 모두
별로 마음에 들지 않았다.

허블은 나선형 성운들이
사실은 우리 은하계와 같은
은하라는 것을 증명했다.
우주는 섀플리가 생각한 것보다
훨씬 더 거대했다.

결국 커티스가 옳았고,
섀플리는 틀렸던 건가?
당연히 그렇다고 볼 수 있었다.

하지만 사실 섀플리도 커티스도
나선형 성운에 대해
정확히 알기는 힘들었다.
충분한 자료가 없었기 때문이다.

보다시피 과학은
논쟁을 통해 발전한다.

그리고 점점 더 좋은 기구들을
만들면서 발전한다.

나와 밥이 그 안테나를 가지고 하려고 했던 것이 바로 그 우주의 '크기 재기'였다. 처음에 안테나는 최초의 무선통신용 위성의 울림 신호를 수신하는 데 사용되었다. 그런데 더 이상 필요없게 되자, 벨 연구소에서 은하계를 연구하는 데 사용하라고 양도해 주었다.
미국, 뉴저지 주, 홈델
나와 밥이 벨 연구소에서 일을 했다면 공학도가 되었을 거라고 생각하는 사람이 아직도 있다.

칼 잰스키도 1930년대에 벨 연구소에서 일을 하고 있었으니, 우리 둘과 그 사람을 혼동할 수도 있을 것이다. 하지만 칼 잰스키는 우리와는 달리 진짜 공학박사였다.
잰스키는 포드사의 T모델 자동차 바퀴 위에 거대한 회전식 안테나를 만들어냈다.
사람들은 그에게 대륙 간의 전화통화를 방해하는 소음이 어디서 오는 것인지 설명해 보라고 했다.
언제부터인가 아이들은 그 안테나에 가서 놀기 시작했고, 사람들은 '잰스키의 회전목마'라고 불렀다.

그는 소음의 일부가 번개나 천둥처럼 대기에서 발생하는 현상 때문에 생긴다는 것을 알아냈다.
그러나 그 외의 소음은 은하계 중심에서 오는 것이었다. 누군가는 외계인이 내는 소리라고 생각했지만 전파를 방출하는 우리 은하계가 내는 소리였다.

잰스키 본인은 별로 그럴 생각도 없었는데 얼떨결에 망원경 대신 안테나를 이용해 우주를 연구하는 전파천문학을 개발했다.

어쨌든 정확히 말하면
나와 밥은 공학자가 아니라
전파천문학자였다.
사람들은 나를
전파천문학자라고 인정해 주지도
않았고, 벨 연구소를 평생
직장으로 삼으라고 권했다.
나는 박사과정 중에 벨 연구소에
왔다. 당시 은하수에 대한 연구를
하고 있었고, 그 안테나를 사용해
내 연구를 완성하고 싶었다.

얼마 후 밥 윌슨도
채용이 되었고, 나와 함께
연구하기 시작했다.

그런데 우리 두 사람은 최대의
위기에 빠졌다. 안테나에서 소음이
들렸다. 그 원인을 파악해야 했고,
직접 측정을 해서 어떤 과학적
결론을 내고 싶었다.

우리도 몇 가지 기계를 가지고 측정할 수는 있었다.

하지만 협동심이 조금 부족했던 모양이다.

1920년, 독일, 베를린.

똑
똑

교수님?
네?

안녕하세요, 저 <뉴욕타임즈>의 데니스 글리크입니다. 기억하시나요?

참! 인터뷰하기로 했죠. 어서 오세요. 아시겠지만, 제가 요 몇 달 동안 숨 돌릴 틈이 없었어요. 요즘은 동료들보다 기자들과 보내는 시간이 훨씬 더 많네요.
NEWTON

교수님은 이제 세계적인 유명인사가 되셨잖아요. 다들 교수님을 코페르니쿠스나 케플러, 뉴턴과 비교하던데요.
뉴턴은 참 좋았겠어요! 과학이 아직 유아기 단계일 때 태어났으니….
제 이론은 뉴턴의 중력 이론을 부정하는 것이 아니라 그저 개선한 내용일 뿐입니다.
아인슈타인 교수님, 세상에서 상대성이론을 이해할 수 있는 사람은 열두 명밖에 안된다고 말씀하셨는데요. 그 이론을 독자들이 접근할 수 있도록 쉽게 설명할 수 있을까요?
하하하! 그건 그냥 한 말이에요. 하지만 과학을 잘 모르는 사람들에게 이 이론을 이해시키기 어려운 건 사실입니다.
그래도 한번 설명해 주시겠어요?
그러죠. 최대한 간단하게 중력에 대한 제 의견을 설명해 보겠습니다.
한번 상상해 보세요. 지금 이 방이 지구 위에 있는 것이 아니라….
NEWTON

… 우주 저 먼 곳을 표류하고
있다고 말입니다.
지구에서 작용하는 중력이 없으니,
그 어떤 무게도 느끼지 못하고 우리는
이 방 안에서 둥둥 떠다닐 겁니다.

이번에는 갑자기
이 방의 위쪽으로 힘을 받아서
가속이 되었다고 상상해 보세요.
그러면 중력이 작용할 때와
똑같은 가속력이 우리 두 사람을
바닥으로 끌어당기게 될 겁니다.

제 이론의 개념이 바로 이겁니다.
가속이 우리에게 미치는 영향력이
중력의 효과와 완전히 똑같다는
거예요.

제가 어떻게 이런 생각을 하게 됐는지 아세요?
글쎄요.

몇 년 전에 제가 베른
특허 사무소에서 사무원으로 일한 적이
있어요. 정말 따분한 일이었지만,
이런저런 생각을 할 시간은 참 많았죠.
어느 날, 책상에 앉아 있는데 갑자기
제가 건물 지붕에서 뛰어내리는
상상을 했지 뭡니까….

?!

하하! 놀랄 것 없어요.
그냥 머릿속으로만 해 본 실험이었답니다.
당시 저는 사람이 지구 중력장에서
자유낙하를 하면 어떻게 되는지
무척 궁금했거든요.

그 날 제 머릿속에 이런 생각이 스쳐 지나갔어요. 사람이 추락을 할 때는 무게를 느끼지 못하는구나! 말하자면 낙하를 할 때의 가속력이 중력장을 완전히 없애는 거죠.
그저 제 예감이었지만, 제 평생 가장 행복한 예감이었어요.
그 예감 때문에 뉴턴의 중력 이론을 수정하시게 된 건가요?
네, 그때부터 참 오랜 세월 힘든 연구를 해야 했죠.
제 연구의 결과들이 뉴턴의 연구 결과보다 더 정확하다는 것을 증명할 만한 확실한 사례를 찾는 것도 무척 힘들었습니다.
그중 하나가 수성의 움직임이에요. 수성이 어떻게 이동하는지에 대해 그 어떤 천문학자도 정확히 해석해내지 못했었죠.
또 한 가지, 지난해 아서 에딩턴 경이 개기일식 중에 관찰한 광선의 굴절도 예로 들 수 있습니다.
그게 과학계에서 교수님의 이론을 받아들이게 만든 결정적인 관찰이었군요. 맞나요?

뉴턴은 우주가 아무런 변화
도 일으키지 않는 완전한
공간이라고 생각했어요.

뉴턴
또 중력은 떨어져 있는 두 개의 물체 사이에
작용하는 힘이라고 생각했고요.

하지만 제 이론에서
공간기하학은 물질의 함량에
따라 달라집니다.

질량이 공간을
휘게 만들죠.

뉴턴
두 물체 사이의 중력이 공간을
휘게 만든다는 사실을 증명해 주는
간단한 예랍니다.

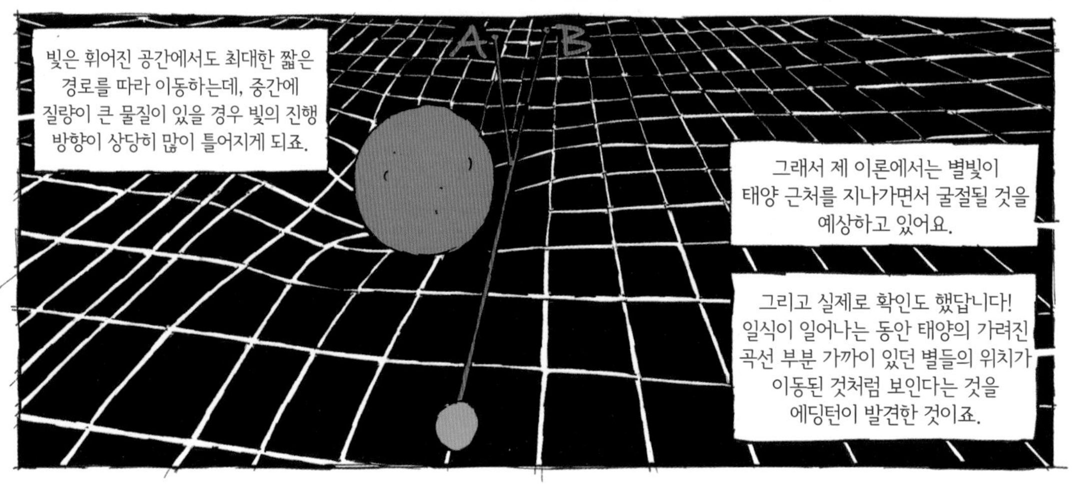
A
B
빛은 휘어진 공간에서도 최대한 짧은
경로를 따라 이동하는데, 중간에
질량이 큰 물질이 있을 경우 빛의 진행
방향이 상당히 많이 틀어지게 되죠.
그래서 제 이론에서는 별빛이
태양 근처를 지나가면서 굴절될 것을
예상하고 있어요.
그리고 실제로 확인도 했답니다!
일식이 일어나는 동안 태양의 가려진
곡선 부분 가까이 있던 별들의 위치가
이동된 것처럼 보인다는 것을
에딩턴이 발견한 것이죠.

그런데 만약 에딩턴이 관찰한 것들이 교수님의 이론에서 예상한 것과 다른 결론을 가져왔다면 어땠을까요?

에딩턴은 물론 아무 죄 없는 하느님까지 원망스러웠겠죠.
어쨌든 제 이론은 정확했어요.

지금은 어떤 연구를 하고 계신가요?
제 중력 이론을 이용해서 최근 우주 전체의 구조를 일관성 있게 설명해 주는 방정식 몇 가지를 찾아냈습니다. 우주의 구조를 설명하는 게 가능한 공식은 이게 처음일 겁니다.

우주론에 관한 공식이군요! 잘 맞아떨어지나요?
아주 잘 맞아떨어집니다. 딱 한 가지 걸림돌이 되었던 것은 별들이 각자의 자리에 머물러 있도록 하는 것이었습니다.

아시겠지만, 중력은 사물을 불안정하게 만드는 경향이 있습니다. 중력이 작용하면 우주는 결국 우주 자체의 무게에 짓눌려 붕괴될 거예요.
하지만 저는 우주가 영원히 안정적인 상태일 것이라고 확신합니다. 제 공식에 서로 밀어내는 중력, 즉 '척력'을 적용하는 데 성공한 결과 그런 확신이 들었어요. 척력을 적용하는 것이 제게는 상당히 고민되는 문제라 거의 정신병원에 갈 정도로 불안하지만, 잘될 것 같습니다!

댕
댕
대엥

이런, 시간이 벌써 이렇게 됐네!

죄송하지만 인터뷰를 끝내야 할 것 같습니다. 제가 밖에서 약속이 있어서요.

저는 시간이 상대적인 것이라고 믿습니다만, 이 세상 그 누구도 두 장소에 동시에 존재할 수는 없죠.

영광스러운 독일 과학사에서 독일인이라
할 수 없는 알버트 아인슈타인의 상대성이론처럼
수치스러운 사기와 기만이 수용된 적은
단 한 번도 없었다.

1923년 5월,
소련 상트페테르부르크 대학교.

이제까지 수업 시간에 봐온 것처럼, 아인슈타인의 일반상대성이론은 질량이 공간을 휘게 만들고, 중력이 이 휘어지는 현상의 표시라고 보고 있습니다.

이제 우리는 한 걸음 더 나아가 이 휘어짐 현상을 우주 전체에 적용해 볼 수 있을 것 같은데요.

수많은 별들이 균일하게 분포되어 있는 우주에서는 별들이 가까이에 있을 때뿐 아니라 아주 멀리 떨어져 있을 때도 전체적으로 공간이 휘어지는 현상이 발생합니다. 3차원 공간 전체에서 항상 휘어지는 현상이 발생한다는 거죠.

어떻게 하면 이 휘어짐 현상을
볼 수 있을까요?

볼 수 없습니다!
우리는 3차원 공간
속에 갇혀 있어요.
그러니 3차원 공간
밖에서 우주를
관찰하는 것은
불가능합니다!

우리가 공간 속에 살고 있기는 하지만, 공간이 곡선이
되는 것은 이해할 수 있을 겁니다. 우주 멀리 날아가서
직접 본 적은 없지만 지구가 공 모양이라는 것을
느끼는 것처럼 말입니다.

어디 봅시다. 우리는 지구의 표면에서
살고 있죠? 그런데도 지구의 곡선을
측정할 수 있습니다. 어떻게 그게
가능한지 설명할 수 있는 사람 있나요?

말해 보세요.
친구와 함께 하면 가능할 것 같은데요.
저는 지구 반대편에서 북쪽으로 이동하면…
친구와 제가 북극에서 만나게 될 거예요.

친구에게 직선으로 북쪽으로 가라고 하고…
그러니까 지구는 평평하지 않다고 확실히 말할 수 있는 거죠!

맞습니다! 중요한 것은 평면에 적용되는 유클리드의 기하학이 곡선의 표면에서는 효력을 잃는다는 겁니다.

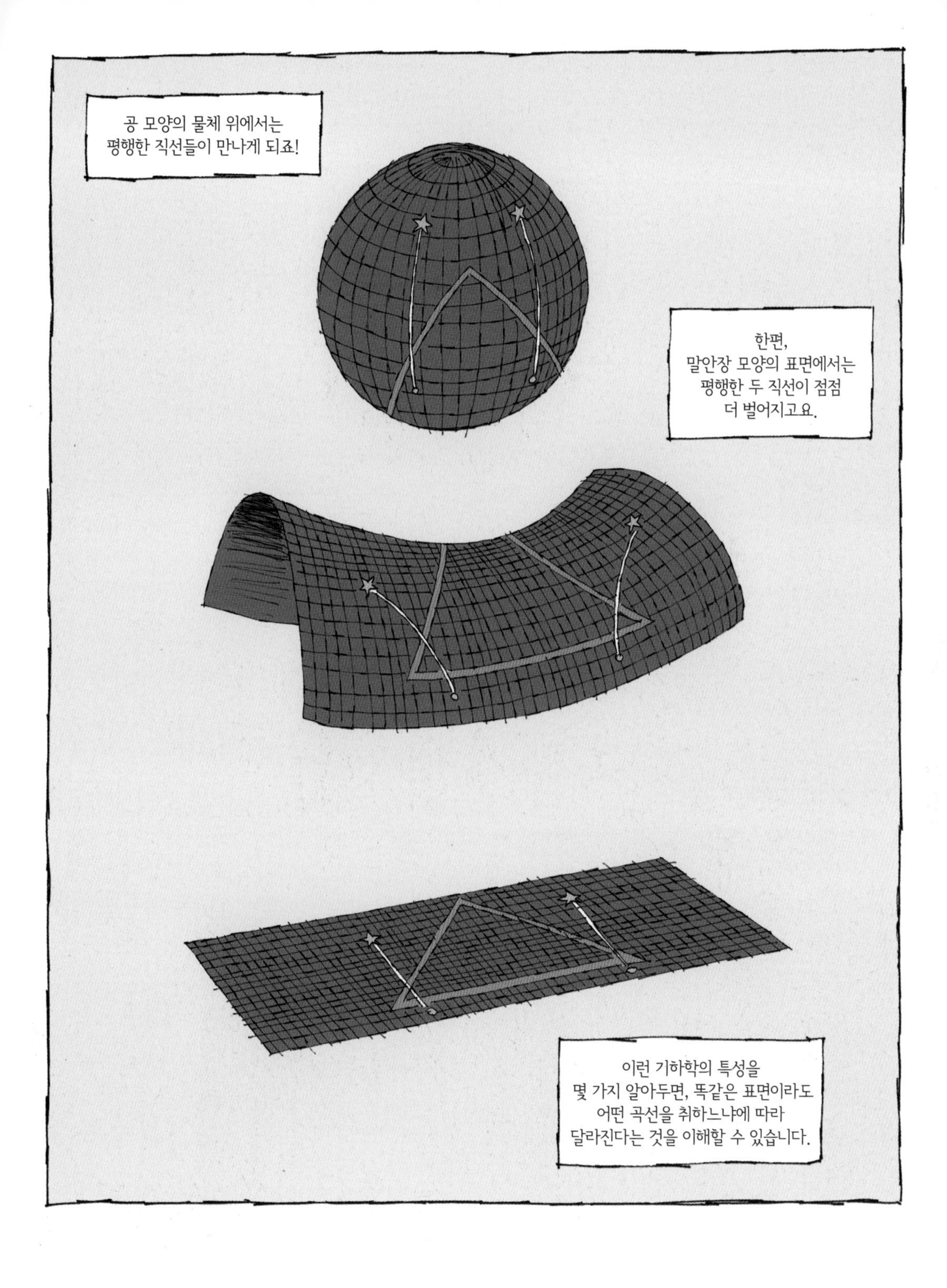
공 모양의 물체 위에서는
평행한 직선들이 만나게 되죠!
한편,
말안장 모양의 표면에서는
평행한 두 직선이 점점
더 벌어지고요.
이런 기하학의 특성을
몇 가지 알아두면, 똑같은 표면이라도
어떤 곡선을 취하느냐에 따라
달라진다는 것을 이해할 수 있습니다.

우리 우주에도 이 원리들을 그대로 적용할 수 있습니다.

우주에 분포되어 있는 물질의
평균 밀도에 따라 3차원 공간이
휘어지는 현상, 즉 굴곡 현상이
전혀 일어나지 않을 수도 있습니다.
이 경우, 공간이 평면이므로
유클리드의 기하학이
기본적으로 적용될 수 있죠.

어떤 때는 공간이 안쪽으로 휘어
공 모양이 됩니다. 이때도 물론
공간은 3차원 속에 있습니다.
또 어떤 때는 말안장 모양처럼
바깥쪽으로 구부러지기도 합니다.

아인슈타인에 의하면,
우주는 공처럼 우주 자체에
갇혀 있습니다.
그럼…

… 우주 공간을 계속 날아가면
처음 출발했던 곳으로 돌아오게 되는 건가요?

바로 그렇습니다! 우주도 지구의 표면처럼 경계는 없지만 끝은 있을 겁니다. 안쪽으로 구부러졌든 바깥쪽으로 구부러졌든, 혹은 전혀 구부러지지 않았든 간에 우주의 표면은 끝없이 이어지고 있을 거예요.

저도 우주 모형을 연구할 때 아인슈타인의 일반상대성이론을 응용한 적이 있습니다.
그런데 저는 아인슈타인과 다른 결론에 도달했죠. 아시다시피 아인슈타인은 우주가 움직이지 않는다고 생각했습니다.

하지만 저는 시간이 흐르면 우주가 넓어질 수도, 또 좁아질 수도 있다는 것을 증명했습니다. 말하자면 우주는 고무줄처럼 탄력성 있는 공간 속에 있는 겁니다.

만약 여러분이 지구를 고무공처럼 부풀릴 수 있다면, 세계 모든 도시들은 지구 표면에 그대로 있으면서 그 사이의 거리는 멀어지겠죠.

제 이론에서는 우주에서도 그런 일이 일어날 수 있습니다. 시간이 흐르면 고무공이 부풀었을 때처럼 우주 공간 속 두 지점의 거리가 벌어질 수 있죠!

오늘은
여기까지 하겠습니다.
다음 수업 시간에 다양한
우주론에 대해 계속
토론해 보도록 하죠.
프리드만 교수님,
잠깐 이야기 좀 할 수 있을까요?
말씀하세요. 제 연구실로 가면서
이야기해도 될까요?
교수님과 제 졸업논문을 쓸 수 있다면
더 없는 영광이겠습니다. 제가 상대성이론에
무척 관심이 많은데, 특히 우주의 확장에
대해 더 깊이 연구하고 싶어서요.
기꺼이 함께 해드리죠. 하지만 남다른 생각을 하는
사람이라는 말을 들을 각오는 해야 할 겁니다.
제 우주 이론은 그다지 환영받지 못했어요.
작년에 제가 연구 결과를 발표했을 때, 아인슈타인이
곧바로 잡지에 불만스럽다는 인터뷰를 실었더군요.

아인슈타인은 제가 찾은 답들이 의심스러워 보이고,
제가 계산 착오를 했을 거라고 하더군요.
잡지사 쪽에서는 당연히 아인슈타인의 의견을 그대로 발표했어요.
그래서 교수님은 어떻게 하셨어요?
아인슈타인에게 편지를 썼어요. 제가 계산한 식들을 적어 보내면서 다시 잘 살펴보라고 했죠.
그리고 계산이 맞으면 잡지사에 연락해서 알리고, 본인이 인터뷰한 내용을 수정하라고 요구했어요.
아인슈타인 박사가 그렇게 했나요?
네, 제 말대로 하기는 했지만 여러 달이 걸렸답니다.

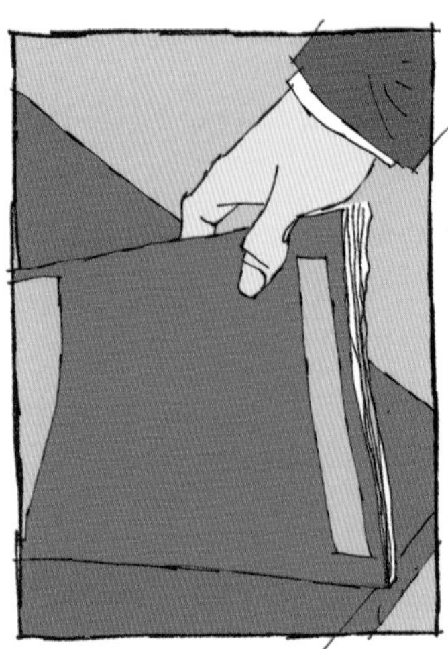

바로 이겁니다. 이게 그 잡지의 최근호인데
아인슈타인의 정정 인터뷰가 실려 있어요.
며칠 전에 우편으로 도착했죠.
한번 읽어 보세요.

"지난번에 내가 프리드만 교수의
연구에 대해 비평을 한 적이 있었다.
그런 비평이 나온 이유는 내가
계산을 잘못했기 때문이다…

나는 프리드만 교수의 연구 결과가 옳으며,
흥미롭다고 생각한다."

그렇게 진심이 담긴 것
같지는 않지만, 그래도 실수를
인정하기는 했어요.
그런데 논문에서 어떤 내용을
주로 다루고 싶으신 거죠?

이런 생각이 들었어요.
우주가 팽창한다면…

… 과거에는
우주 공간의
모든 지점들이
지금보다 가까이
있었을 텐데요.
그렇게 계속 거슬러
올라가다 보면…

우주의 모든 지점들 간의
간격이 0이었던 순간이
있었을 것 같다는
생각이 들더군요!

어떻게 될지 자세히 알고 싶습니다.
시간이 시작될 때…. 흠! 제 이론은 그저 수학적인 이론일 뿐이랍니다!
너무 진지하게 생각하지 말아요, 젊은 친구…. 저는 그렇게 충고하고 싶군요.
그러고 보니, 이름도 묻지 않았군요. 이름이 뭐죠?
가모프.
제 이름은 조지 안토노비치 가모프입니다.

1927년, 벨기에, 브뤼셀, 솔베이 물리학 회의.
실례합니다, 아인슈타인 교수님!

혹시 저한테 전도하려고 하시는 거라면
시간 낭비 하시는 거예요.
전 '인격신*'을 믿지 않습니다.
네?
아, 그런 것 아닙니다!
전 물리학 이야기를 하러 온 거예요.
저는 조지 르메트르라고 합니다.
얼마 전에 MIT에서
박사 학위를 땄죠. 저는 에딩턴과 같이
연구한 적도 있는데….
아, 아서 에딩턴 말이군요.
에딩턴의 관찰 덕분에
사람들이 제 상대성이론을
진지하게 받아들여 줬죠.

* 인간적인 의식이나 형태를 가지는 신.

같이 좀 걸읍시다.
무슨 이야기를 하고 싶으신 거죠?

제가 얼마 전에 이 기사를 썼어요.
<브뤼셀 과학학회연보>에 실렸죠.

불어로요? 그럼 아무도 안 읽겠군요!

저는 아인슈타인 교수님만
읽어 주시면 만족합니다.

교수님의 방정식에 대한
흥미로운 답을 몇 가지
찾았다고 생각하는데….
어디 봅시다.
"질량은 일정하지만 반경은
증가하는 우주에서…."

이런! 당신도 확장 우주에 대한 이야기를 하는군요!
왜 그러시죠?
몇 년 전 한 소련 젊은이가 제게 편지를 보냈는데, 자기가 제 방정식을 풀었다고 하더군요. 그리고 우주가 확장하고 있을 거라는 결론을 얻었다고도 했어요.
소련 젊은이요? 이름이 뭐였나요? 그 친구와 연락을 할 수 있으면 좋겠네요!
프리드만, 프리드만이라고 했어요.
하지만 찾아봐야 소용없어요.
제가 알기로는 1925년도에 죽었어요.

* radial speed. 속도의 성분 중에서 시선방향의 성분.

미국에서 에드윈 허블이 우리 은하계 너머에
다른 은하계들이 존재한다는 것을 증명하고,
몇 년 전부터는 우리 은하계와 비교하여
다른 은하계들의 속도를 측정하고 있어요.
그런데 허블이
지금까지 수집한 자료들이
제 이론에서 예상한
내용들과 일치하는 것
같습니다.
음…. 제가 허블의 연구를
조금 살펴보도록 하죠.
… 하지만 과거에
우주가 아주 밀집되어
있었다는 생각은
제가 보기에는 정말
터무니없는 것 같아요.
우리가 아는
이 거대한 우주 전체가
무엇으로 압축되어
있을까요?
원자일까요?
현재의 물리학으로는 그런 상황까지
설명할 수 없다는 건 저도 잘 알고 있습니다!
그래도 지난 몇 년 동안 양자역학이 미시세계*의
비밀을 밝혀내고 있으니까….

* 육안으로 볼 수 없는 물질의 세계.

… 우주는 원시 원자 같은 것의 붕괴로 인한
에너지 섬광에서 시작됐을 수 있어요.
그렇다면 우리는 연기와 재에 둘러싸인
에너지 섬광 불꽃놀이 공연의 관객인 거죠.
화려한 불빛의 여운을 남기고 방금 끝난 공연이요.

이봐요, 내가 너무 솔직하게 말해도 이해해 줘요.
당신의 계산이 맞을 수도 있어요. 하지만
당신의 물리학적 감각은 정말 형편없네요.

비둘기?
1964년 미국, 벨 연구소.
훠이! 저리 가!

저기 좀 봐, 밥.
세상에, 더러워 죽겠네.
비둘기를 쫓아내. 비둘기가 원래 착한지 아닌지는 아무도 모르는 거야.
소음이 생긴 게 다 비둘기 배설물 때문일 수 있다는 거야?
그거야 모를 일이지. 그런지 아닌지는 깨끗이 치우고 다시 측정해 봐야 알 수 있겠지.

우리는 직접 비둘기 똥을 치웠다.
그런 건 대학에서 가르쳐주지 않는다.
어쨌든 우리는 안테나를
거울처럼 반짝이게 만들었다.

안타깝게도 며칠 지나지 않아
비둘기들이 다시 돌아왔다.

우리도 그냥 당하고 있지만은 않았다.

우리는 안테나에서 15킬로미터 정도
떨어진 윕패니라는 곳으로 비둘기들을 데려가
날려 보냈다. 정말 다시는 보지 않기를 바랐다.
하지만 비둘기들은 길을 잘도 찾는 모양이다.
안테나에 둥지를 틀기로 작정을 한 비둘기들을
더 이상 막을 수가 없었다.
결국 우리도 최후의 수단을
쓸 수밖에 없었다.

빵

근거리용 엽총을 쏘기 시작하자,
비둘기들은 순식간에 사라졌다.
유쾌한 일은 아니지만, 당시 우리 생각에는 비둘기들을 한 순간에 죽이는 게 가장 인간적이었다. 또 우리의 딜레마에서 벗어나는 유일한 방법이기도 했다.
하지만 그런 과격한 방법도 아무 소용없었다. 데이터에는 여전히 전과 똑같은 소음이 남아 있었다.
더 이상 어디에서 문제점을 찾아야 할지 몰랐다. 그때부터 우리에게 우주는 너무 거대해 보이기 시작했다.

1931년 미국, 캘리포니아, 패서디나.
아니 이게 누구셔! 혹시 예전에 그 밀턴 휴메이슨 아니신가?
닉!
정말 오랜만이군!
자네가 산에 노새를 끌고 오는 일을 그만 두고 머리 좋은 박사님들과 어울리기 시작하면서 얼굴도 못 봤지.

지금은 망원경을
들여다보고는 있지만
난 원래 힘쓰는 일을 좋아해.
맞아. 그런데 여기는 왠일인가?
누구를 기다리고 있어.
그건 그렇고 언제 천문대로 놀러와.
거기 당구대도 있으니까 시합 한번 하자고.
예전처럼 내가 자네 코를 납작하게 눌러 주지.
담배 피우겠나?
자넨 내가 기억하는
예전 모습 그대로라
보기 좋구만, 밀트.
자네가 멋을 잔뜩 부리고 영국 억양을 억지로
따라하는 허블과 같이 다닌다는 이야기를 들었는데….
똑똑한 사람이야.
그렇겠지.
하지만 내가 상대하기에는
너무 상류층이야. 작가나
할리우드 배우들하고만
다닌다던데….
아무리 그래도 아직 순박한
시골청년 같아. 농구랑 권투를
좋아하더군. 나랑 낚시도 자주 다녀.
어쨌든 중요한 건
최고의 천문학자라는 거야.
우리는 아주 중요한 뭔가를
발견할 수 있을 거야.

난 알아듣지도 못하니까
뭘 발견할지는 설명도 하지 마.
내가 자네를 설득하나 못 하나
내기할까? 100달러 어때?

만약 자네가 한쪽 눈에 안대를 하면
역으로 가까이 다가오는 기차와 멀리 떠나가는
기차를 구분할 수 있겠나?
물론이지! 그건 금방 알아볼 수 있지.
역으로 들어오는 기차는 떠나는 기차보다
더 선명하게 보이잖아.

맞아. 나와 허블이 우리 은하계에 비춰지는
다른 은하계들의 움직임을 측정했어.
우리는 소리뿐 아니라 빛도 이용하고 있지.
지구에서 멀어지는 은하수의 빛은
우리 쪽으로 움직이는 은하수의 빛보다
더 불그스름하게 보인다네.

약은 친구일세!

뭐, 사실 이건 벌써 한참 전에 나온 아이디어야. 나와 허블이 처음으로 생각해낸 게 아니라네. 우린 그저 관측을 많이 했을 뿐이야.
그건 그렇고, 정말 흥미로운 게 뭔지 아나?

우리가 관찰한 아주 먼 은하계들은 모두 붉다는 거야! 지구에서 멀어지고 있는 은하들 말이야. 무슨 말인지 알지? 그리고 우리에게서 멀어질수록 도망치는 속도가 더 빨라지고….

뭐가 이렇게 복잡해! 왜 도망을 쳐? 우리에게 무슨 전염병이라도 있나?
모르겠어. 그건 정말 이상해. 나와 허블도 왜 그런지는 전혀 몰라. 우리는 그저 관찰이나 하는 수밖에 없지.

… 하지만 저 기차에는 그 이유를 설명해 줄 수 있는 사람이 타고 있어.

아인슈타인 교수님, 여깁니다!
이보게, 저 분 혹시….

만나서 반가웠고, 나한테
100달러 주는 것 잊지 말게!

* Caltech. 미국 캘리포니아 주 패서디나에 있는 과학계술계 사립대학을 줄여 부르는 호칭.

마운트 윌슨에 오신 걸 환영합니다.
아인슈타인 교수님.
엘사 부인, 만나서 영광입니다.
이쪽은 제 아내 그레이스예요.
만나서 영광입니다,
아인슈타인 교수님.
찰리 채플린이 교수님께 인사를 전해 달라고 했어요.
언제 저녁 식사 한 번 대접하고 싶다고 하더군요.
이쪽으로 오세요. 2.5미터짜리
새 망원경을 보여드리겠습니다.
이 괴물을 이용해서
우주의 모습을 파악하려
애쓰고 있습니다.

제 남편은 펜 한 자루와 낡은 종이봉투 뒷면만 있어도 할 수 있는 연구네요.
그럼 아인슈타인 교수님이 저희가 발견한 이상한 관찰 결과에 대해서도 설명해 주실 수 있으면 좋겠네요.
신문 기사 읽었습니다. 여러분과 그 문제에 대해 빨리 토론하고 싶군요.
바로 이겁니다. 보시다시피, 멀리 있는 은하들의 스펙트럼이 일관되게 붉은색 쪽에 몰려 있어요.
… 그리고, 빛의 주파수가 변화하는 것이 도플러 효과*라면 모든 은하들이 우리에게서 멀어지고 있다는 결론을 내려야 합니다.
저희 생각도 그렇습니다.
모든 은하들이 우리로부터 1초에 수백 킬로미터씩 멀어지고 있는 거죠. 만약 이게 정말이라면, 놀라운 일입니다!
저희가 관찰한 기록들은 확실합니다.
거리
속도
900,000 광년
221 통신망 운영본부
초당 125 마일
7,000,000 광년
4473 통신망 운영본부
초당 1,400 마일
23,000,000 광년
379 통신망 운영본부
초당 3,400 마일
그 뿐이 아닙니다. 저희는 은하들이 지구에서 멀어질 때의 속도와 거리가 정비례한다는 규칙도 찾아냈어요.
저희는 이런 현상이 당황스럽습니다. 또 이것에 대해 설명 할 수 있는 수준도 못 되고요.

*파동을 발생시키는 파원과 그 파동을 관측하는 관측자 중 하나 이상이 운동하고 있을 때 발생하는 효과. 파원과 관측자 사이의 거리가 좁아질 때는 파동의 주파수가 더 높게, 거리가 멀어질 때는 더 낮아진다.

아, 저의 일반상대성이론을 적용하면
모두 완벽하게 설명할 수 있습니다.
공간은 정적이지 않습니다. 움직이고 있죠.
우주는 부푸는 공처럼 확장될 수 있어요.
그리고 공간이 확장되면, 은하들은
확장된 만큼 늘어나게 되죠. 마치 공의 표면에
그려진 그림이 커지듯 말입니다.
그러니까 제대로 완벽하게 관찰하신 게 맞습니다.
가령 우리가 우주의 어느 한 지점에 서 있다면,
다른 은하들이 거리와 비례하는 속도로
멀어져 가는 것을 볼 수 있을 겁니다.

그러니까 우리가
서 있는 위치만 특별히
고정되어 있는 것도
아니고, 은하들이
우리에게서 도망치는
것도 아닌 거군요.

그렇죠. 우주 전체가 확장을 하고 있고
모든 은하가 서로 멀어지고 있는 겁니다.

여보, 제가 아인슈타인 교수님의 설명을 제대로 알아들은
거라면 당신은 아주 획기적인 발견을 한 거네요!
두말하면 잔소리죠, 허블 부인.
하지만 제 입장에서는 부인과 똑같이
에드윈 씨를 칭찬할 수가 없네요.

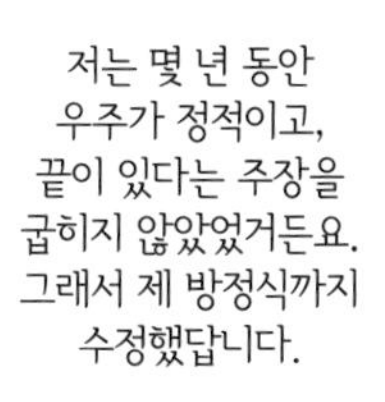
이런 결과는 벨기에 출신의 젊은 물리학자 조지 르메트르가
이미 예상했던 거예요. 몇 년 전에 그 젊은이가 이 이야기를
했을 때는 진지하게 듣지 않았어요. 제가 너무 자만해서
그 청년의 사기를 꺾지나 않았을까 걱정입니다.
저는 몇 년 동안
우주가 정적이고,
끝이 있다는 주장을
굽히지 않았었거든요.
그래서 제 방정식까지
수정했답니다.

이제야 그 일이 학자로서의 제 경력에
가장 큰 실수였다는 생각이 듭니다.

야구선수 베이브 루스가 이런 말을 했다.
"어제의 홈런이 오늘 경기에서
이기게 해주지 않는다."
베이브 루스는 야구 이야기를 한 것이지만,
과학계에도 해당이 되는 말이다.
최고의 과학자도 어제의 발견으로
얻은 소득으로는 살 수가 없다.

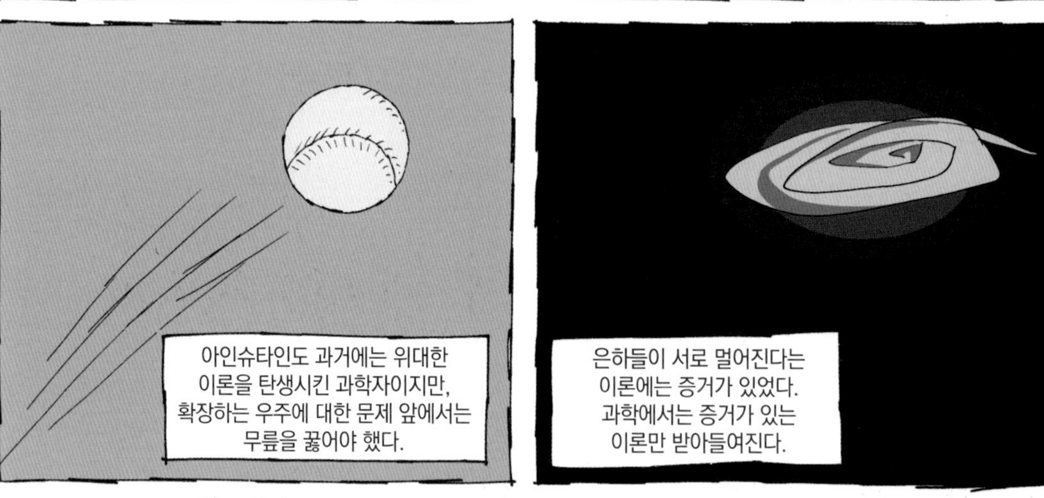
아인슈타인도 과거에는 위대한
이론을 탄생시킨 과학자이지만,
확장하는 우주에 대한 문제 앞에서는
무릎을 꿇어야 했다.
은하들이 서로 멀어진다는
이론에는 증거가 있었다.
과학에서는 증거가 있는
이론만 받아들여진다.

명백한 증거 앞에서 아인슈타인은
자신의 확고한 믿음을 뒤돌아봐야 했다.
짝
짝
짝
르메트르 교수가 내놓은 증거는
이제까지 들어본 것 중에서
가장 믿음이 가고 흥미로운 내용이었습니다.
짝

1964년 12월.
우리 안테나에서 잡힌 소음도 이제는 하나의 증거가 되었다. 하지만 나와 밥은 그 소음을 과소평가했다.

그쪽도 미국 천문학회 회의에 가시나요?

저 그림들 보고 알았어요. 저도 전파천문학자거든요.

반가워요, 나는 베르나르도 버크예요. 친구들은 '버니'라고 부르죠.
아노 펜지어스예요. 반갑습니다, 버니 씨.

아노 씨는
무슨 일을 하시나요?
저는 동료 한 명과 벨 연구소에서 일해요.
은하에서 방출되는 전파를 연구하려고
6미터짜리 안테나를 재조립하고 있습니다.
멋진 연구를
하는군요.
보기에만 그래요.
안타깝게도 몇 개월 동안
연구를 쉬고 있어요. 데이터에서
잡음이 나오는데, 어디에서 발생하는
소음인지 알아내지 못하고 있거든요.
소음이요?
탐지기를 사용해 보시죠.
탐지기는 이제 치웠어요. 할 수 있는 테스트는
다 해 봤죠. 하늘 쪽에서 오는 소음인데
안테나를 어느 방향으로 향하게 해도 똑같은
강도의 소음이 잡힙니다.
어떤 주파수에서요?
초단파요.
마이크로파 속의
등방성* 전파 신호군요.
제가 도와드리고 싶지만,
저는 그런 소음에 대해서는
들어본 적이 없어요.

* 모든 방향으로 전달 또는 발산되는 것을 뜻함.

1948년 미국, 워싱턴.
Sam's DINER
주문하시겠어요?
마티니 한 잔 주세요.

여기
있습니다.
아…, 제가 좋아하는
저녁식사네요.
The Washington Post
체코슬로바키아에서 공산주의자들이 권력을 잡다.
스탈린이
벌써 원자폭탄을
손에 넣었나?
근심스러운 트루먼 대통령,
'미국은 방어태세를
취해야 한다.'
주인장도 소련사람들이 두려워요?
왜 그런 걸 물으세요?

저는 좀 걱정이 되서요. 제 억양이 어떤지 아시잖아요.
이런 분위기가 계속되면, 제가 여기 있는 게 문제가 될 거예요.
저를 공산주의자 스파이라고 잡아갈걸요.
손님은 스파이라고 할 만한 분위기가 아니에요. 너무 눈에 띄어요.
하하하! 그럴 수도 있겠네요.
미국에 온 지 오래되셨어요?
거의 15년이요.
제가 소련에서 도망친 건 1932년도였어요.
음식과 브랜디 몇 병만 챙겨서 아내와 카누를 타고 크림반도에서 흑해를 건너 터키까지 갔었죠.
제 주머니에는 달랑 5달러와 가짜 신분증만 들어 있었고요.

하지만 그때는
일이 꼬였어요.
항해를 시작하고
하루가 간신히
지났는데 태풍이
왔죠. 포기할 수밖에
없었어요.
그런데 운이 좋았는지 그 다음 해에
소련 정부가 벨기에에서 열리는 학회에
참가하라고 허락해 줬어요.
그때부터 저는 휴가를
해외로 다니기 시작했어요.
마티니 맛이
아주 좋네요?
한 잔 더
주시겠어요?

아까 학회 이야기를 하셨는데, 혹시 의사세요?
아뇨, 전 공산주의 스파이예요.
하하하! 농담이에요. 전 물리학자 예요. 조지 워싱턴 대학에서 학생들을 가르치고 있죠.
물리학자시라고요! 핵 연구?
이런! 혹시 제가 폭탄을 연구하는지 궁금한 거죠?
젊을 때는 우주의 기원에 대해 공부하고 싶었어요. 그런데 제 담당 교수님이 발진티푸스로 돌아가셨어요. 그래서 진로를 바꿔야 했죠.
결국 핵물리학으로 넘어갔어요. 지금은 우주의 기원과 원자의 형성… 이 두 가지의 관계를 연구하고 있어요. 사실 제가 연구하는 것은 조금 특별한 폭발에서 발생하는 핵반응이라고 할 수 있죠.

수십억 년 전에 우주가 지금보다 훨씬 더 밀도가 높고 뜨거웠다고 상상해 보세요. 마치 양성자와 중성자, 전자가 끓고 있는 스프 같은 곳이었다고 말입니다.
에너지가 그런 조건에 놓여 있을 때 핵반응이 일어나면 양성자와 중성자를 용해시켜 점점 더 복잡한 핵을 형성할 수 있어요.
하지만 우주는 팽창하면서 냉각됐어요. 그래서 지금의 우주가 예전과 아주 많이 다른 겁니다. 제 말을 이해하시겠어요?
상상해보기는 하는데….
제가 한 가지 보여드리죠.

젊은 시절 제 동료들 사진이에요.
여기 오른쪽에 안경을 쓴 친구는 랄프 알퍼,
왼쪽에 있는 친구는 로버트 허먼이죠.
그리고 여기 쿠앵트로 병 주둥이에
나와 있는 건 제 머리고요.
이 술은 주인장도 잘 아시죠?
아일렘
제 직업이 술을 파는 거니까요.
하하하! 여기 보세요.
제가 '아일럼'이라는
상표까지 붙여 놨어요.
'아일럼'은 랄프가 사전을 뒤적이다가 찾은 단어인데,
고대 그리스어였던 것 같네요.
'모든 물질이 만들어지는 원시물질'이라는 뜻이죠.
원시 우주에 있었을 법한
분자 칵테일을 묘사하는 데
'아일럼'이라는 말이
딱 맞는 것 같더군요.
저희 계산에 따르면,
원시 우주는 분자 칵테일에서
원자 성분이 만들어졌어요.
전 물리학은 도통 아는 게 없어요.
하지만 칵테일과 술 이야기가
나오니 관심이 가네요. 친절하게
설명해 주셨으니 감사의 뜻으로
제가 한 잔 대접하죠.
그런데 성함이…
가모프, 조지 안토노비치 가모프예요.
그냥 조지라고 부르세요.

1948년 미국,
조지 워싱턴 대학교.
조지, 들어가도 되나요?

물론이지, 랄프. 들어와. 무슨 일 있나?

제가 이 예측들을
수백 번 다시 살펴봤어요.
이제 거의 정확한 것 같아요.
대단한걸! 어디 보세.

여기, 충돌 부분은 수정을 하고,
온도와 밀도의 범위도
합리적으로 설정했어요.
우리가 생각하는 것처럼
우주가 시작됐다면,
원소가 어떻게 만들어졌는지도
설명할 수 있을 거예요.

굉장하군!
우주의 모든 헬륨이
만들어지는 데 단 몇 분밖에
걸리지 않은 거야!
오븐에서 오리를 굽는
시간보다 훨씬
빠른 거지!
그럼
발표를 해도
될까요?

물론이지!
그런데 내가 생각해
둔 게 있어. 그렇게
하고 싶은데….
뭔데요?
한스 베테에게 우리 논문에 같이
서명을 해달라고 부탁을 하고 싶은데….
알퍼, 베테, 가모프! 마치 알파, 베타, 감마,
그리스 알파벳의 첫 문자들 같잖아. 안 그래?
세상 모든 것의 기원이라는 뜻 같고! 재미있지 않아?
전혀요!
이건 내 박사 논문이에요!
베테가 거물이기는 하지만,
이 연구를 위해 한 일은
아무것도 없는걸요.
이런 연구가 있는지조차도
몰라요. 사람들은
모든 공을
베테에게 돌릴
거라구요.
이런, 진정하게!
농담도 못 하나?
유머감각 좀 키워!
한스 베테는 뭐라고
할지 한 번 물어나 봐야지.
어쨌든 축하하는
의미에서 보드카나
한 잔 하겠나?
VODKOSKA

1948년 4월, 미국, 존스 홉킨스 대학교.
쾅
무슨 일인가?
이것 좀 보세요!
PHYSICAL REVIEW
VOLUME 73, NUMBER 7
APRIL 1, 1948
Letters to the Editor
PUBLICATION of brief reports of important discoveries in physics may be secured by addressing them to this department. The closing date for this department is five weeks prior to the date of issue. No proof will be sent to the authors. The Board of Editors does not hold itself responsible for the opinions expressed by the correspondents. Communications should not exceed 600 words in length.
The Origin of Chemical Elements
R. A. Alpher*
Applied Physics Laboratory, The Johns Hopkins University, Silver Spring, Maryland
AND
H. Bethe
Cornell University, Ithaca, New York
AND
G. Gamow
The George Washington University, Washington, D. C.
February 18, 1948
AS pointed out by one of us,[1] various nuclear species
have originated not as the result of an equilib-
certain temperature and density,
building-up
We may remark at first that the building-up process was apparently completed when the temperature of the neutron gas was still rather high, since otherwise the observed abundances would have been strongly affected by the resonances in the region of the slow neutrons. According to Hughes,[2] the neutron capture cross sections of various elements (for neutron energies of about 1 Mev) increase exponentially with atomic number halfway up the periodic system, remaining approximately constant for heavier elements.
Using these cross sections, one finds by integrating Eqs. (1) as shown in Fig. 1 that the relative abundances of various nuclear species decrease rapidly for the lighter elements and remain approximately constant for the ele-
ments heavier than silver. In order to fit the calculated
curve with the observed abundances[3] it is necessary to
assume the integral of $\rho_n dt$ during the building-up period is
equal to 5×10^4 g sec./cm³.
On the other hand, according to the relativistic theory of
the expanding universe[4] the density dependence on time
given by $\rho\cong10^6/t^2$. Since the integral of this express
diverges at $t=0$, it is necessary to assume that the build
up process began at a certain time t_0, satisfying
relation:
$$\int_{t_0}^{\infty}(10^6/t^2)dt\cong5\times10^4,$$
which gives us $t_0\cong20$ sec. and $\rho_0\cong2.5\times10^5$ g sec./cm
result may have two meanings: (a) for the higher d
prior to that time the temperature of the
자네들 논문이 실렸군.
마음에 안 드나?

이런, 로버트! 발표된 날짜를 보세요! 4월 1일이에요!
그 농담 좋아하는 가모프가 베테의 이름을 끼워 넣는 것으로 부족했던 모양이네요. 이제 이 논문은 아무도 진지하게 읽어보지 않을 거예요!

진정하게. 자네들 이론이 옳기만 하면 받아들여질 걸세. 자네들 논리가 실질적으로 가능한지 설명할 방법이 있네. 언젠가 이야기한 적이 있는데, 기억하나?

잔열 말씀하시는 건가요?
맞네. 원시 우주가 원소를 구울 만큼 뜨거웠다면, 그 열은 아직 떠돌아다니고 있을 거야. 공간이 확장되면서 우주는 절대 0도보다 조금 더 높은 온도까지만 냉각시켰을 테니 말일세.

이게 저희가 계산한 내용이에요. 이건 가모프도 검토했어요.

그렇군. 한번 보세. 캘빈온도가 낮을 때의 열 방사선은 초극단파일세. 그런데 측정이 가능하겠나?
그건 잘 모르겠어요. 어쨌든 연구 결과를 발표하고 두고 보려고요.

1948년 4월, 미국,
조지 워싱턴 대학교.

저 안에서 무슨 일 났어?
박사학위 논문에 대해서 토론한대.

그건 나도 알아. 그런데 웬 사람이 저렇게나 많아? 기자들도 왔지?
가모프 교수 제자 알퍼가 한 실험에 대해서 들으러 왔대. 우주의 기원에 대한 이론을 발표한다더군.

뭐하는 짓이야!
우리는 물리학자일 뿐이라고. 창세기는 수도사들이 읊게 내버려 둬야지.
사실 당시까지 우주의 기원은 종교학자와 철학자들이나 다루던 내용이어서 우주가 어떻게 만들어졌는지에 관심을 두는 과학자는 많지 않았다.
대부분의 물리학자들은 우주의 시작보다는 앞으로 영원히 존재할 우주에 대해 연구하기를 더 좋아했을 것이다. 그래야 문제가 덜 생기니까.

1946년 영국, 케임브리지.
악몽의 밤
악몽의 밤
시작도 끝도 없는 영화야.
딱 이럴 때 맞는 말이네.

내가 보기에는 이런
장르에서는 완벽한 것 같던데.
호러물에서 뭘 바란건가, 허만?
놀란 얼굴 하고는!
자네는 어때, 토미?
나는… 시작에 맞게 끝날 거라는 생각이 들더군.
끝없이 계속될 수도 있잖아, 안 그래?
우주가 정말
그런 식으로
만들어졌을까?
맙소사, 토미!
자네는 매일 물리학
생각만 하는구만.
맥주나
한잔 하러 가지!
PUB
GOVA
그거 좋지.

내 말 들어봐. 우주가 팽창한다는 점은 나도 동의해. 하지만 그게 우주가 시작된 원인이라고 볼 수는 없잖아.

아까 영화를 보는데 그건 우주의 기원을 설명할 방법은 아니라는 생각이 들었어.

어째서? 우주가 팽창한다면 과거에는 물질이 아주 단단했을 거야.
그 논리대로라면 우주의 초창기에는 밀도가 무한대였어야 하잖아.

나도 에딩턴과 같은 생각이야. 거부감이 들기는 하지만 결론은 피할 수 없는 이론인 것 같아.

그런 말이 아니었는데… 물질이 계속 만들어졌다면 팽창이 됐다 해도 밀도는 변하지 않았을 수 있지. 우주는 그 전부터 항상 존재했을 수도 있고.

모든 게 다 바뀌어도 계속, 영원히 똑같아! 아까 그 영화에서처럼!

물질이 계속 생성된다고? 그건 별로 적당한 답은 아닌 것 같은데….

그럼 우주 전체가 아무것도 없는데 갑자기 불쑥 나타났을까? 케이크에서 스트립댄서가 툭 튀어나오는 것처럼?

스트립댄서가 튀어나오는 건 그럴만한 이유가 있잖아!

어디 한번 해 보세.
거기 냅킨 좀 줘 봐.
HOLE PUB
지금 우주의 확장 비율에서
물질의 밀도를 일정하게
유지할 정도가 되려면…
들어 봐. 1억 년마다 1입방미터*당 수소 원자 하나만
생기면 돼. 뭐 그리 대단한 것도
아니구만.
어디 보세.

* 부피의 단위. 세제곱미터.

내가 보기에는
맞는데?
이 시대에는 원자 하나의 규모가 거의
엠파이어 스테이트 빌딩만 했을 거야.
다들 모르는 사이에 완전히 달라진 거지.
자네 말에
귀가 솔깃해지기
시작하는데?
언제부터
진지하게 연구하기
시작할 건가?
이름을 붙이자면
'정상우주론'이라고
할 수 있겠군.
어떤가?
나쁘지 않은데?
괜찮을 것 같아.

그렇게 해서 1946년부터 1948년까지
프레드 호일과 허먼 본디, 토마스 골드는
새로운 우주론을 세웠다.
1949년 3월 28일,
프레드 호일이 영국 BBC
라디오 방송에 출연해
새 우주론을 대중들에게
홍보했다.
물론 정상우주론은 새로운 가설,
즉 우주에서 끊임없이 물질이 생성된다는
가설이 전제되어 있습니다.
BBC
어쩌면 적대감을 가진 사람들을 조롱하려고 그랬을지도 모르지만,
호일은 방송 출연을 계기로 '빅뱅'이라는 표현을 만들었다.
하지만 이 이론은 프리드만과 르메트르, 가모프가
제시한 이론을 되살려 우주의 모든 물질이 한 번의…
'빅뱅'으로 생성된다고 추측합니다. '빅뱅'은 아주 먼 과거의
어느 특정한 순간에 일어난 거대한 폭발입니다.
저는 이 가설이 과학적인 관점에서 보기에는
그다지 끌리지 않는다는 것을 알고 있습니다. 물질의 생성 과정이
비합리적이고, 직접적인 관찰을 통해 증거를 제시할 수 있는
방법이 전혀 없으니까요.

이제까지 우주의 진화에 대한 이론은 두 가지가 있었다. 한 가지는 우주에 특정한 기원이 있다는 이론이고, 다른 하나는 없다는 이론이다. 두 가지 이론 모두 추종자들이 있었다.
어떤 이론이 옳은지를 판단하려면 관찰과 경험적인 증거가 필요했다.
Washingto
1948년 4월 14일
ime to Change G
지구가 5분 만에 시작됐다.
우주의 진화
R. 알퍼와 R. 허먼
1948년 11월
그런데 호일이 생각했던 것과는 달리 빅뱅이 정말로 일어났는지 알 수 있는 방법이 있었다.
그 방법을 알퍼와 허먼, 가모프가 제안했지만 아무도 진지하게 받아들이지 않았다.
확장 우주의 진화에 대한 관찰
R. 알퍼, R. 허먼
1949년 4월
아일럼
1950년대에는 세 사람 모두 각자의 길을 선택했고, 다른 연구에 몰두했다.
그리고 십 년쯤 지난 뒤, 이들의 연구는 사람들의 기억에서 다 사라져 버렸다.
나와 밥은 그런 연구가 있었다는 이야기조차도 들어본 적이 없었다.

1965년 2월, 미국, 홈델.
파르릉
여보세요?
아노 씨, 나 버니요. 버니 버크.
기억 안 나요? 비행기에서 만났잖아요. 우리 둘 다 미국 천문학회에 가던 길이었죠.
당연히 기억나죠. 반갑습니다, 버니 씨.

안테나 일은 어떻게 되어 가고 있나요?
그때 말씀드린 그대로에요. 소음은 여전히 있는데, 어디서 오는 건지 알아내지 못하고 있습니다.
저는 물론, 밥도 아주 우울해하고 있어요. 아무래도 다른 프로젝트를 찾아봐야 할 것 같습니다.
잠깐, 잠깐만요.
내 말 좀 들어봐요. 내가 워싱턴에 있는 켄 터너라는 동료 전파천문학자와 이야기를 해 봤어요. 그 친구가 며칠 전에 프린스턴의 어떤 사람 세미나에 갔었대요.
짐 페블스라고 로버트 디키와 함께 연구하는 사람 세미나였어요.
터너가 그러는데 짐 페블스와 로버트 디키가 초극단파에서 등방성 전파 신호를 측정하려고 안테나를 만든대요.
내 생각에는 그 사람들과 이야기를 해 보는 게 좋을 것 같아요.

1965년 2월, 미국, 뉴저지, 프린스턴.

로버트 디키 교수

어서 와, 짐.

나 줄 샌드위치도
가져온 거야?
받으세요, 피클 뺀
로스트비프 샌드위치예요.
데이브가 5분 후에
올 거예요. 그 친구와
피터가 안테나 점검 작업을
마무리하고 있어요.
저기 말이야.
기다리는 동안 이야기 좀….
자네 논문 어떻게 됐나, 짐?
잡지사에서 거절당했어요.

저보고 몇 부분을
수정하라고 하더군요.
참고문헌이 불완전하대요.

결론이 동일하게 나왔던
예전 연구에 관한
책들인 것 같았어요.

정말 그렇던가?

네, 정말 결론이
다 같았어요. 그런데
전혀 모르던 내용이었어요.

거의 20년 전에 가모프와 알퍼,
허먼이 연구한 거였어요.
그 학자들도 빅뱅이 캘빈온도가
낮은 열방사선 같은 잔여물을
남겼을 거라고 예상했더군요.

음…, 나도
전혀 모르던 이야기네.

뭐 조금 석연치 않은 부분은 있지만, 우리가
그 신호를 측정하기만 하면 최초가 되는 거야.
그리고 그 소음이 어떤 것인지 굳이 설명하지
않아도 되고….

로버트 디키 교수
이봐, 내 샌드위치 가져왔어?

안녕, 데이브.
안테나 작업은 어떻게 되어 가나?

거의 다 됐어요.
피터가 마지막 테스트를
하고 있고….
따르릉~

여보세요?

로버트 디키 교수
네, 제가 로버트 디키입니다.

반갑습니다, 펜지어스 박사님.
아뇨, 괜찮습니다. 말씀하세요.
아 네, 그럼요. 오셔서 안테나를 보셔도 됩니다. 저도 박사님의 연구 결과에 대해 토론하고 싶군요.

안색이 안 좋은데 왜 그러세요? 누구 전화였어요?

벨 연구소에 있는 사람이래.

우린 망한 것 같아.

세상이 참 묘하다. 나와 밥은 몇 개월 동안 우리 안테나에 잡힌
그 소음 같은 것을 없애려고 애를 썼다.
그런데 우리와 불과 몇 십 킬로미터 떨어지지
않은 곳에 있던 로버트 디키와 짐 페블스,
데이브 윌킨슨, 피터 롤은 그것이
소음이 아니라는 것을 알고 있었다.
그것은 소음이 아니라 신호였다.
그들은 그 신호를 세계 최초로
발견하고 싶었다.
그러나 그런 신호를 발견한
줄도 모르는 우리 두 사람이
그들 앞에 나타나고 만 것이다.

나중에는 그들이 우리를 찾아왔다.
우리 안테나를 살펴보고, 각종
장비들까지 꼼꼼하게 조사했다.
나와 밥은 우리가 측정한
것들을 설명했다.
그들은 금방 알아들었고,
우리가 측정한 것이 무엇인지
설명해 주었다.

우리가 잡은 신호는 어느 특정한
지점에서 오는 것이 아니라
모든 공간에서 오는 것이었다.

우주는 빅뱅이 일어난 직후에
아주 뜨거웠고, 수십억 년이 흐르는 동안
팽창하면서 냉각됐다.

우리는 뜻하지 않게 우주 초창기부터
남아 있던 열을 측정한 것이었다.

절대 0도*에서 약 3도 정도 높은 열이었다.

* 물질의 모든 운동이 정지되는 온도.

생각해 보면 그 열이
남아 있다는 것이
믿기지 않는다.
두 개의 라디오 방송
사이에서 하나의
주파수를 맞출 때
들리는 지직거리는
소리 중 극히 일부가
거의 140억 년 전부터
존재한 것이다.
우주가 시작된
때부터 말이다.
나와 밥은 가모프의
표현을 빌리자면
'우주의 역사에서
가장 오래된
고고학 자료'를
발굴한 것이다.
그 신호는 빅뱅이 남긴 화석이나 마찬가지였다.
우리는 긴가민가했다.
그리고 언제나 그랬듯
신중한 자세를 유지했다.
사실, 그 상황까지 가게 된 것은
우리가 연구를 제대로 하려고
노력했기 때문이었다.

찾아 주셔서 감사합니다,
디키 교수님.

두 분의 안테나를 테스트하도록 허락해 주셔서
정말 감사합니다. 이제 어떻게 하실 생각인가요?

뭐 저희가 측정한
자료들은 다른 연구팀에서
확인하겠죠.
중요한 것은
디키 교수님의 실험을
성공시키는 거잖아요.

저희도 그렇게
되기를 바랍니다.
그건 그렇고,
저희가 이 신호에
대한 내용을
발표할 수 있을 것
같은데요.

저희는 측정만 한걸요. 저희가 신호에 대해서는
자세하게 설명할 수 있습니다만, 논리적으로
해석하는 작업은 디키 교수님 쪽에서
하셔야 할 것 같습니다.

좋은 생각인 것 같군요.
그럼 논문을 두 가지로 나눠서 준비하도록 하겠습니다.

나도 밥과 마찬가지로 신중하게 행동했다. 우리가 해석한 내용이 자칫 성급해 보일 수 있으니 말을 아끼는 편이 나았다.
우리가 〈천체물리학 저널〉 에 보낸 원고는 고작 600단어밖에 되지 않았다. 한 페이지가 조금 넘는 분량이었다.

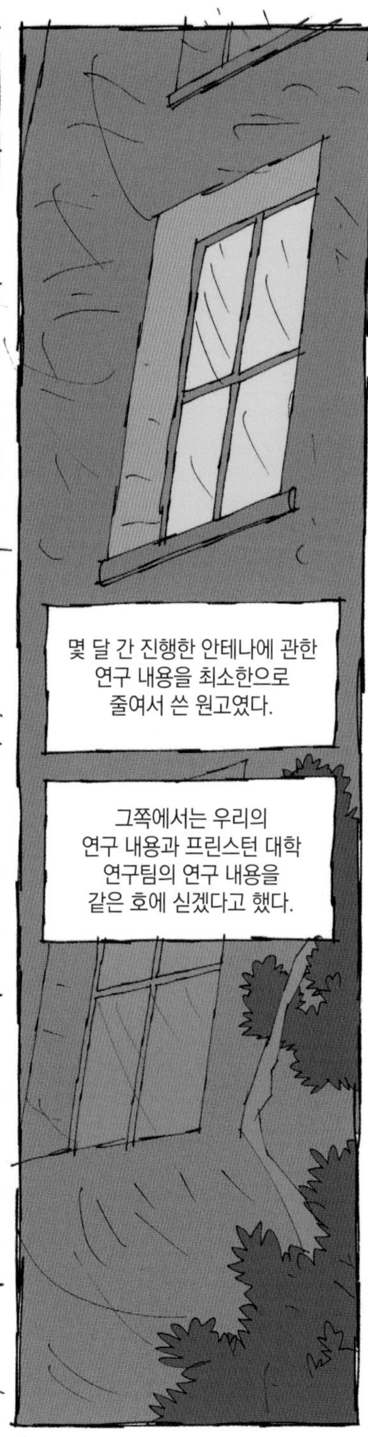
몇 달 간 진행한 안테나에 관한 연구 내용을 최소한으로 줄여서 쓴 원고였다.
그쪽에서는 우리의 연구 내용과 프린스턴 대학 연구팀의 연구 내용을 같은 호에 싣겠다고 했다.

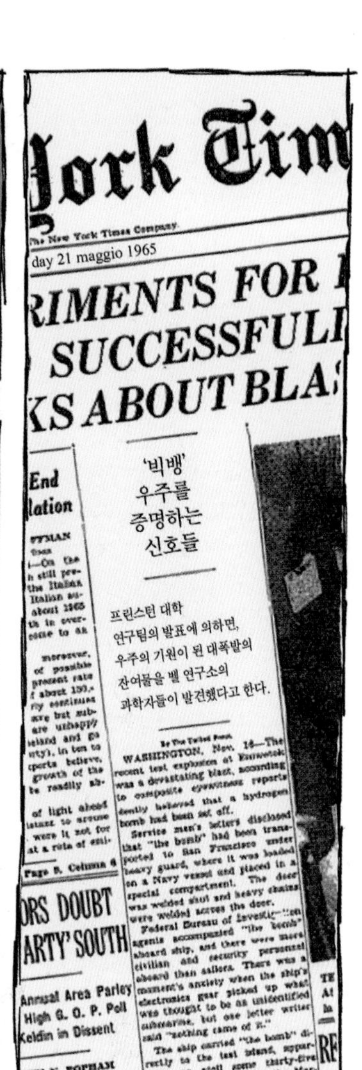
York Tim
The New York Times Company.
day 21 maggio 1965
RIMENTS FOR
SUCCESSFULL
KS ABOUT BLAS
'빅뱅' 우주를 증명하는 신호들
프린스턴 대학 연구팀의 발표에 의하면, 우주의 기원이 된 대폭발의 잔여물을 벨 연구소의 과학자들이 발견했다고 한다.
ORS DOUBT
ARTY' SOUTH
Annual Area Parley
High G. O. P. Poll
Keldin in Dissent
CRIME STUDY SHIFTS
그런데 저널에 기사가 나가기 전에 〈뉴욕 타임즈〉에서 1면에 우리에 관한 기사를 내버렸다.

그런 보도가 나가기는 조금
이른 것 같다는 생각이 들었지만
우리도 그 신호의 중요성을
깨닫기 시작하고 있었다.
그 해 12월, 디키 연구팀은
프린스턴 대학의 물리학 강의동 건물 지붕에
안테나를 세우는 데 성공했고,
우리의 연구 결과도 확인했다.
우리가 빅뱅이 실제로
일어났었다는 결정적인 증거를
찾은 것이 분명해 보였다.

허블과 아인슈타인이
봤다면 어떤 생각을 했을까?
안타깝게도 두 사람 모두
십여 년 전에 이미 사망한 뒤였다.
르메트르는 아직
살아 있기는 했지만
심장마비로 병원에 입원 중이었다.
죽기 얼마 전에
우리의 발견에 대한
소식을 들었다고 한다.
이제라도 증거가
나왔으니 나는 만족해.

가모프는 자신의 존재가
잊혀졌다는 생각에 씁쓸해했다.
나는 서둘러 가모프에게 우리 연구 보고서의
사본을 보냈고, 얼마 후 그에게서
아주 친절한 답장이 도착했다.
예전에 그가 알퍼, 허먼과 함께했던
연구에 대한 내용도 적혀 있었다.
그 편지의 마지막 문장은
"그래서, 보시다시피 세상은
전지전능한 디키로 인해
시작된 것이 아니랍니다."였다.
가모프가 세상을 떠나기 몇 년 전, 한 학회에서 만난 적이 있다.
그때 사람들이 가모프에게 그가 알퍼, 허먼과 함께 예측한 것을
나와 밥이 발견한 것이냐고 물었다.
내가 동전 하나를 잃어버리고, 다른 사람이 동전 하나를
주웠다고 해서 그 동전이 내 동전이라고 말할 수는 없습니다.
하지만 나는 분명히 다른 사람들이 동전을 발견한
바로 그곳에서 동전을 잃어버렸어요.
개선장군의 환영식은 오랫동안 계속됐다.

하지만 가장 상심한 것은
알퍼와 허먼이었다.
알퍼와 허먼은 프린스턴 대학
사람들이 자신들의 연구를
무시해서 그렇지 않아도
안 좋은 감정을 가지고 있었다.
두 사람은 내게 편지를 보내
자기들이 신용을 얻을 수 있도록 도와달라고 했다.
내 나름대로 노력은 했는데,
두 사람에게 도움이 됐는지는
모르겠다.
정상우주론의
세 사람은 어떻게
됐을까? 본디는
패배를 인정했지만,
골드와 호일은
자신들의 입장을
굽히지 않았고,
죽을 때까지 우주에는
기원이 없다는
이론을 고수했다.
골드와 호일의 이론은
꽤 흥미로웠다.
밥도 빅뱅이론보다
그들의 이론을 좋아했다.
하지만 과학에서는
납득이 되는 증거가
있어야 한다.

1978년 우리는
노벨 물리학상을 받았다.
나는 뉴욕의 가먼트 지구에서
턱시도를 맞췄다.
우리 어머니가 거기서 일을 하셨다.
모든 유태인 이민 세대들이
그 지역에서 일을 하며
자식들을 대학에 보냈다.

나는 가끔 궁금해진다.
왜 우리에게 상을 줬을까?
지나고 나서 생각해 보건데,
다른 전파천문학자들도 분명히
그 소음을 수없이 들었지만
무시하고 지나쳤을 것이다.
무시하고 넘어가도 될 정도로
가벼운 문제라고 생각한 것이다.
우리는 아니었다. 우리는 그 작은
소음도 그냥 지나치지 않았다.

나는 어릴 때부터
항상 내가 가지고 놀 장난감을
직접 만들기 좋아했다.
나와 밥이 신호를 받기 위해
사용했던 홈델의 안테나 시설도
우리 둘이 직접 조립한 것이었다.
우리는 안테나에 들어간 부품
하나하나를 다 알고 있었다.

그것도 다른 사람들이
실패한 일을 우리가 할 수 있었던
이유 중 하나인 것 같다.
물론 우리가 운이 좋기는 했다.
하지만 우리는 정말 열심히 연구했다.
여기에 있는 혼 안테나를 역사적 랜드마크로 지정한다.
이 지역은 미합중국의 역사에 기념할 만한
국가적으로 중요한 보물을 소유하고 있다.
아노 펜지어스와 밥 윌슨, 두 과학자가 이 안테나로
'빅뱅'우주 생성론을 확인하는 증거를 발견해
우주학을 완전히 뒤바꾸어 놓았다.
1989년 미국 내무부
국립 공원 관리청

일이 이렇게 될 거라고
누가 상상이나 했겠는가?

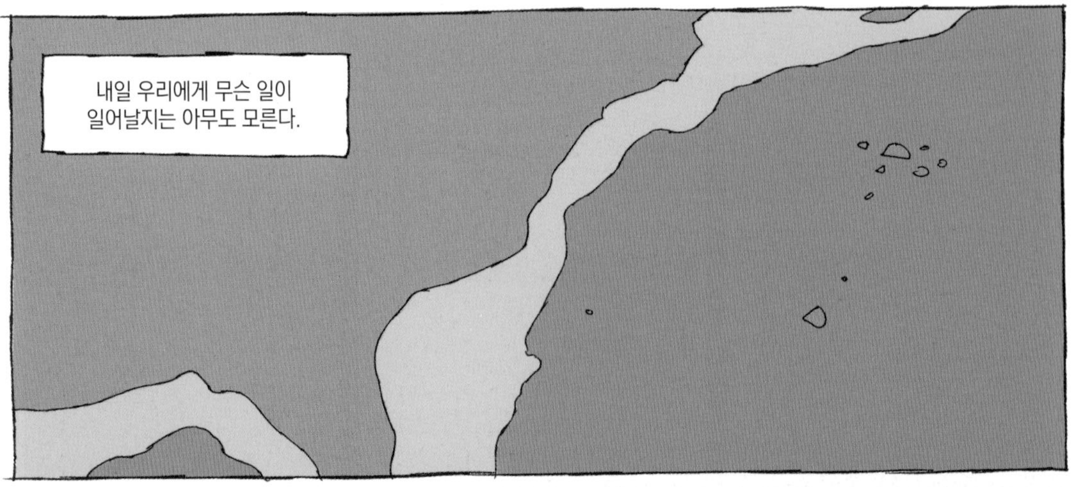
내일 우리에게 무슨 일이
일어날지는 아무도 모른다.

삶이 우리에게 준 기회를
잡으려면 준비를 하고 있어야 한다.

우리 다음으로 다른 학자들이 계속해서 확실한 빅뱅의 흔적을 찾아냈고, 그 흔적들을 가지고 아주 미세한 온도의 변화까지 파악할 수 있게 되었다.

그 온도차가 수많은 은하계를 만든 최초의 씨앗이다.

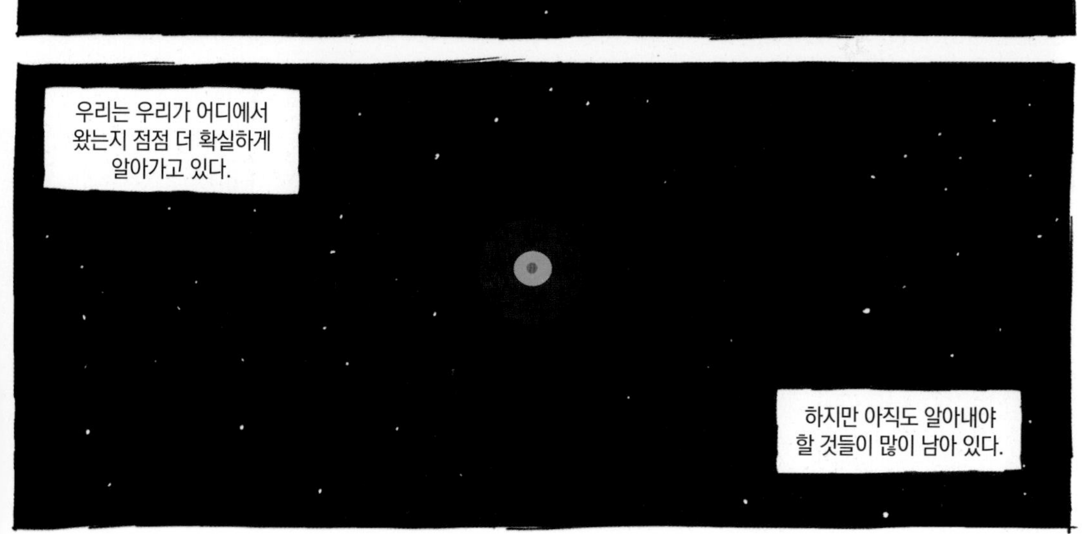
우리는 우리가 어디에서 왔는지 점점 더 확실하게 알아가고 있다.
하지만 아직도 알아내야 할 것들이 많이 남아 있다.

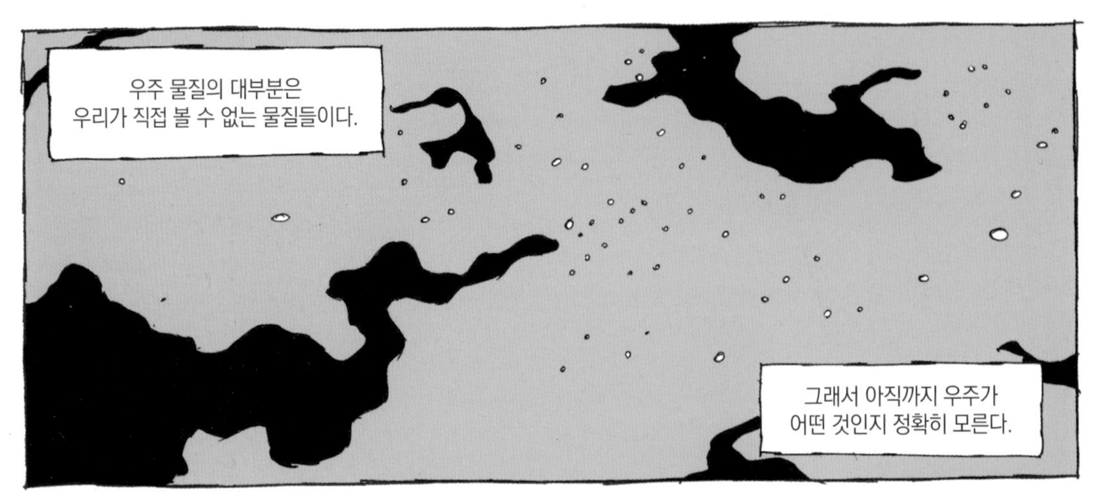
우주 물질의 대부분은
우리가 직접 볼 수 없는 물질들이다.
그래서 아직까지 우주가
어떤 것인지 정확히 모른다.

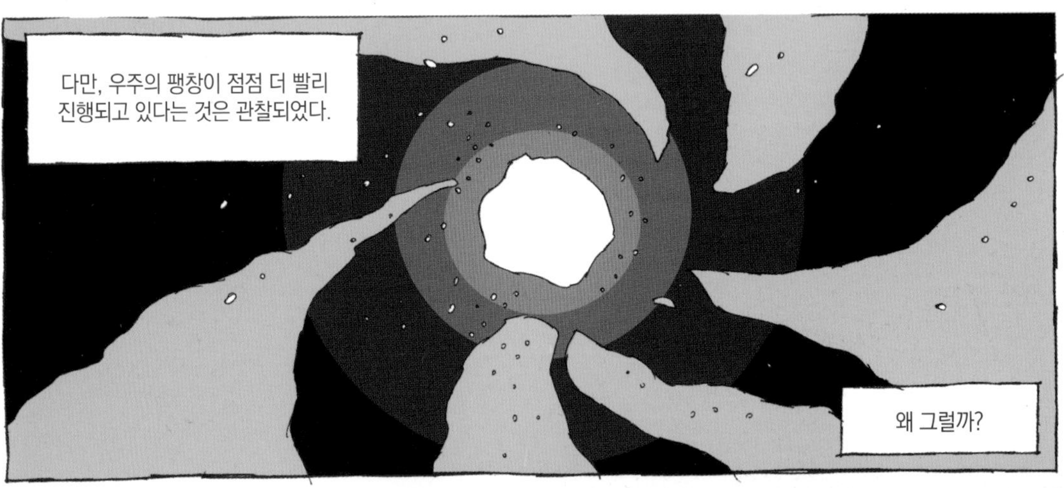
다만, 우주의 팽창이 점점 더 빨리
진행되고 있다는 것은 관찰되었다.
왜 그럴까?

아마 아인슈타인이
가설을 세웠다가 나중에 철회했던,
척력을 지닌 물질 때문일 것이다.
아인슈타인의 생각이 맞았다.
물론 척력의 발생 원인에는
문제가 있었지만.

또 한 가지, 아주 어려운
문제가 남아 있다.
빅뱅이 일어나기 전에는
무엇이 있었을까?

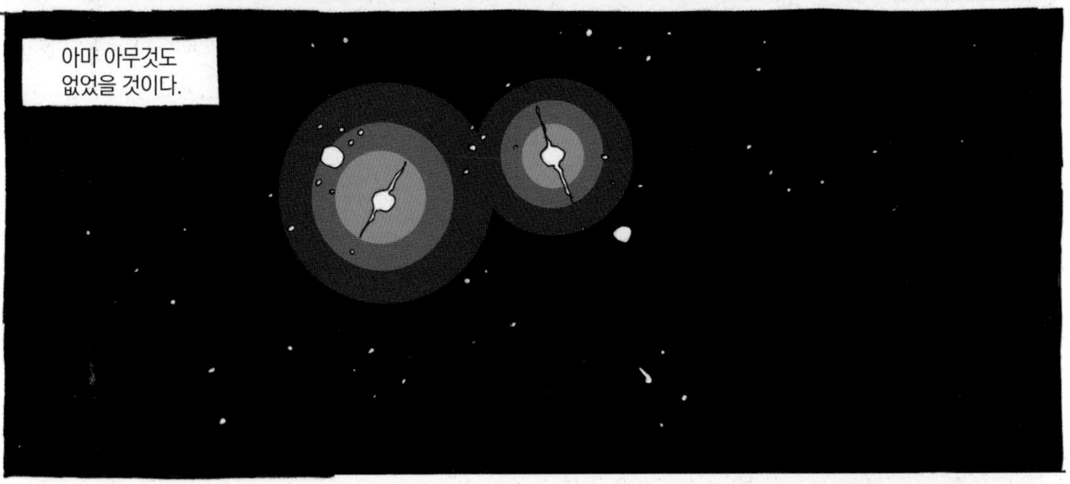
아마 아무것도
없었을 것이다.

아니면 원래부터 모든 것이 존재했고,
우리 우주는 무한하고 영원한
거대 우주의 한 단계에 지나지 않을지 모른다.

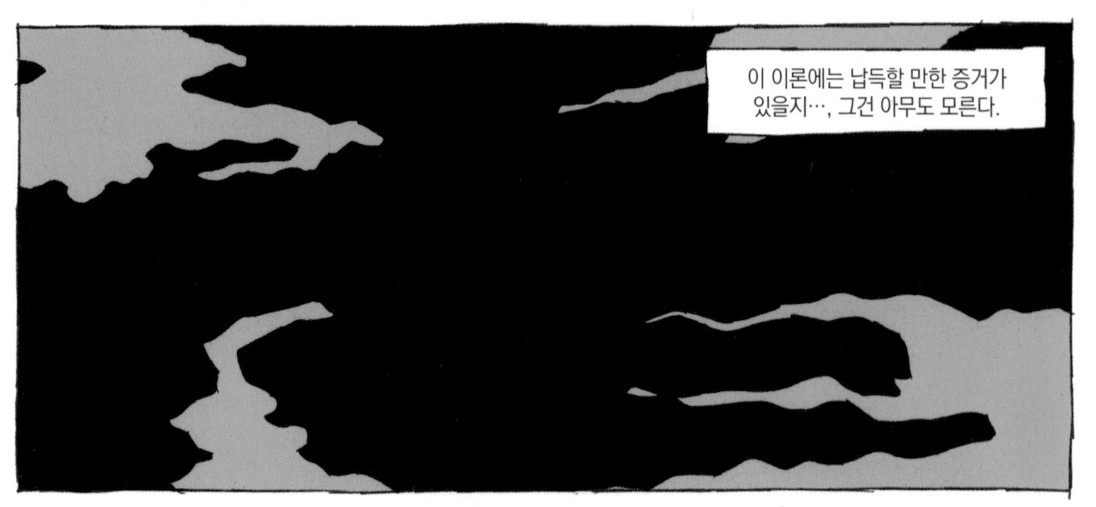
이 이론에는 납득할 만한 증거가
있을지…, 그건 아무도 모른다.

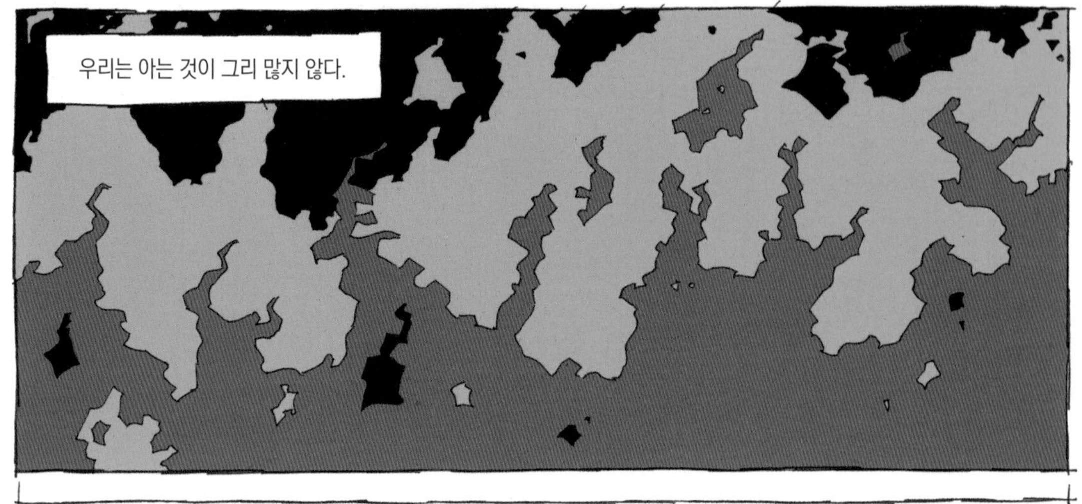
우리는 아는 것이 그리 많지 않다.

지금으로서는 그렇다.

등 장 인 물

랄프 알퍼 (Ralph Alpher, 1921~2007년)

미국 워싱턴에서 태어났다. 물리학과를 졸업하고,
2차 세계대전 중에 미 해군과 존스 홉킨스 대학교
응용물리학 연구실에서 연구를 하기 시작했으며,
이후 조지 가모프의 지도하에 박사 과정을 공부했다.
조지 가모프와 함께 초기 우주에 가벼운 원소들의
형성 이론을 연구해 천문학 연구의 수학적 측면에
기여했다. 1955년에는 사실상 천문학 연구를 그만두고
제너럴일렉트릭에 입사했다.

허먼 본디 (Hermann Bondi, 1919~2005년)

오스트리아 빈에서 태어났으나, 1937년 나치의 박해를
피해 영국으로 이주했다. 아서 에딩턴과 케임브리지
대학교에서 물리학과 수학을 공부했다.
2차 세계대전 초반, 맨 아일랜드(바하마 소재)에
몇 년 동안 갇혀 있을 때 같은 신세였던 토마스
골드를 만났다. 1946년부터 영국 시민이 된 본디는
일반상대성이론 분야에서 세계 최고 전문가 중
한 명이었으며, 천문학 발전에 큰 공헌을 했다.
학자 생활 막바지에는 영국 정부에서
과학 자문으로도 활동했다.

허버 커티스 (Heber Curtis, 1872~1942년)

미국 머스키곤에서 태어났다. 고전언어학으로
대학을 졸업하고 그리스어와 라틴어를 가르치다가
천문학에 전념하기로 결심했다. 박사학위를 취득한 후,
릭 천문대에 채용되어 1902년부터 앨러게니
천문대 소장으로 1920년까지 근무했다.
앨러게니 천문대 소장이 되던 해 성운의 특성과
우주의 규모에 대해 섀플리와 논쟁을 벌였다.
미시간 대학 관측소장을 마지막으로 천문학자로서의
경력을 마무리했다.

로버트 디키 (Robert Dicke, 1916~1997년)

미국 세인트 루이스에서 태어났다.
그는 원자물리학에서 천체물리학, 실험물리학 분야에
이르기까지 다양한 분야를 연구했다.
2차 세계대전 중에는 레이더 개발에 공헌했고, 초단파
탐지용 방사계를 설계했다. 이 방사계는 나중에 아노
펜지어스와 로버트 윌슨도 사용했다.
이어 매우 소음이 심한 조건에서 신호를 추출하는
증폭기인 락인(Lock in)을 발명했다. 전쟁 후에는
프린스턴에 정착해 중력과 우주론 연구에 주력하면서
아인슈타인 이론과 교차되는 중력 이론을 개발했다.

알버트 아인슈타인 (Albert Einstein, 1879~1955년)

—

전 시대를 통틀어 가장 위대한 물리학자 중 한 사람으로 꼽히는 알버트 아인슈타인은 독일 울름에서 태어났다. 1907년부터 1917년까지 일반상대성이론을 개발했다. 이 이론은 우주의 기원과 진화의 문제를 해결하는 데 필요한 이론적 자료를 제공하였고, 현대 천문학 탄생의 배경을 다졌다. 1933년 나치정권이 권력을 잡은 후 독일을 떠나 미국으로 가기로 결심했고, 프린스턴에 정착해서 1940년 미국 시민권을 얻었다. 이후 생을 마감할 때까지 프린스턴 고등연구소에서 일했다.

알렉산더 프리드만

(Alexander Friedmann, 1888~1925년)

—

소련의 수학자이자 기상학자로 수많은 대학에서 교수로 활동했으며, 1920년 자신이 태어난 고향인 상트페테르부르크로 완전히 귀향할 때까지 공군 부대에 협력했다. 귀향을 하면서 아인슈타인의 일반상대성이론에 관심을 갖기 시작했고, 곧바로 소련 학계 최고의 전문가이자 자문가 대열에 들어섰다. 1922년에는 확장우주이론의 가능성을 보여주는 혁신적인 연구를 발표했다. 장티푸스로 이른 나이에 사망했는데, 4년 후 허블이 천문관측을 통해 그의 이론이 옳았다는 것을 증명했다.

조지 가모프 (George Gamow, 1904~1968년)

—

우크라이나에서 태어났지만 1934년 미국으로 피난을 간 조지 가모프는 원자 및 핵물리학에 지대한 공헌을 했으며, 이후에는 천문학과 우주과학에 전념했다. 1954년까지 조지 워싱턴 대학교에서 학생들을 가르쳤고, 버클리 대학을 거쳐 마지막으로 볼더 콜로라도 대학에서 죽을 때까지 교수로 재직했다. 그는 학자로서의 인생 절반을 제자 양성에 힘썼고, 운 좋게 대중적인 작가로 활동할 기회를 얻어 자신의 저서를 시리즈로 집필했다. 주인공 미스터 톰킨스는 유명 인사가 되었다.

토마스 골드 (Thomas Gold, 1920~2004년)

—

오스트리아에서 태어났지만 나치 침공 후, 1938년 가족과 함께 영국으로 피난을 갔다. 케임브리지 대학교에서 공부를 하고, 학교에 남아 전쟁이 끝날 때까지 근무했다. 친구인 허먼 본디, 프레드 호일과 함께 정상우주론을 고안했을 뿐 아니라 매우 이색적인 분야(지구 생명체의 탄생이나 화석 연료의 기원 같은 것)의 연구에 전념하면서 전통적인 요소보다는 논란의 여지가 있던 가설들을 제시하곤 했다.

로버트 허먼 (Robert Herman, 1914~1997년)

—

미국 뉴욕에서 태어나 프린스턴 대학교에서 물리학 박사학위를 땄다. 2차 세계대전 중 존스 홉킨스 대학교 응용물리학 연구소에서 일을 하기 시작했고, 이곳에서 랄프 알퍼를 만났다. 알퍼와 함께 연구하면서 빅뱅이론에서 초단파 속의 전자기 신호가 진공 속으로 퍼진다는 예측을 내놓았다. 1950년 대학에서의 연구를 그만두고, 제너럴 모터스의 연구소로 이직해 교통 역학에 대한 연구에 매진했다.

프레드 호일 (Fred Hoyle, 1915~2001년)

—

인습타파를 주장해 논란의 대상이 된 과학자 프레드 호일은 평생 영국의 케임브리지 천문학 연구소에서 보냈고, 소장직까지 맡았다. 그가 천체물리학에 기여한 가장 큰 공은 별의 내부에서 일어나는 원자핵들의 합성 메커니즘을 파악한 것이었다. 과학자로서의 인생 후반부에는 비전통적인 가설들을 계속 세웠지만, 그 가설들로 인해 과학계 사람들과 멀어져야 했다. 별의 핵 합성에 관한 연구에 공헌을 했는데, 노벨상은 1983년 그의 동료인 윌리엄 파울러에게 돌아갔다. 공상과학 소설을 여러 권 출간한 작가이기도 하다.

에드윈 허블 (Edwin Hubble, 1889~1953년)

—

미국 마시필드에서 태어나 1919년부터 죽을 때까지
마운트 윌슨 천문대에서 일했다. 역사에 남을 중요한
천문학자가 되기 전에는 영국에서 법학을 공부하고
미국으로 돌아와 스페인어, 물리학, 수학을 가르쳤다.
농구에도 소질이 있어서 젊은 시절에는 시카고 대학
농구팀을 지휘하기도 했다. 그가 발견한 몇 가지 중요한
사실 덕분에 (안드로메다 은하의 거리 측정과 은하들의
적색편이, 그들의 거리 사이의 관계)
현대 우주론의 길이 열렸다.

밀턴 휴메이슨 (Milton Humason, 1891~1972년)

—

미국 도지 센터에서 태어난 밀턴 휴메이슨은
마운트 윌슨 천문대가 건설 중일 때부터 짐꾼이자
노새 몰이꾼으로 일하며 근무하기 시작했다.
천문대 수석 엔지니어의 딸과 결혼했고 천문대 건설이
끝난 후에는 관리인이자 청소부로 고용됐다.
학벌은 좋지 않았지만 야간 관측 조수가 된 후 사진
건판과 스펙트럼을 관측하는 데 탁월한 재능을 보여
에드윈 허블의 발견에 매우 중요한 역할을 했다.
나중에는 허블에게 가장 중요한 동료가 되었다.

조지 르메트르 (Georges Lemaitre, 1894~1966년)

—

벨기에의 샤를루아에서 태어난 조지 르메트르는 물리학과 수학, 공학을 공부했다. 1923년 사제 서품을 받고 아서 에딩턴과 함께 영국 케임브리지 대학교에서 천문학을 공부하기 시작했다. 이어 미국 하버드 대학에서 할로 섀플리와 학업을 계속했고, MIT에서 박사학위를 취득했다. 1927년 허블과 휴메이슨이 2년 전 관찰했던 은하계의 이동 속도와 거리의 관계를 예측했다. 그는 과학과 종교의 철저한 구분을 주장했고, 1951년에는 성경의 내용에 빅뱅이론을 넣자고 교황 12세를 설득하기도 했다.(성공하지는 못했다)

짐 페블스 (Jim Peebles, 1935~)

—

현존하는 가장 중요한 천문학자 중 한 사람인 짐 페블스는 캐나다 매니토바에서 태어났다. 1958년 미국으로 이주해 프린스턴 대학교에서 박사과정을 밟았다. 모교에서 학자로서의 경력을 쌓고, 현재도 명예교수로 재직 중이다.

아노 펜지어스 (Arno Penzias, 1933~)

—

독일에서 태어났지만 1946년 미국으로 귀화했다.
1961년도에 입사한 뉴저지의 벨 연구소에서
평생 근무해 부소장까지 승진했다. 전파천문학을
연구하고 빅뱅 흔적 신호의 발견으로
1978년 노벨상을 수상했다. 펜지어스는 경영과
기술 혁신 분야에서 주로 활동했다.

할로 섀플리 (Harlow Shapley, 1885~1972년)

—

미국 내슈빌 출신으로 젊은 시절 천문학 연구에
전념하기 전에는 기자로 일했다. 박사학위를
취득하자마자 마운트 윌슨 천문대에 채용되었고
1918년 우리 은하계, 즉 우리 은하의 규모와 태양이
우리 은하의 어디에 위치해 있는지 측정했다.
섀플리에게는 일생일대의 발견이었다. 그 이듬해에는
우주의 규모를 두고 커티스와 논쟁을 벌였다.
그 후 하버드 천문대 소장으로 임명되어 정년퇴임을
할 때까지 재직했다.

로버트 윌슨 (Robert Wilson, 1936~)

—

텍사스의 휴스턴에서 태어났다.
캘리포니아 공과대학에서 물리학을 공부했고,
벨 연구소에는 1963년도에 박사학위를 취득한 후에
들어갔다. 1994년부터는 하버드 스미스소니언
천체물리학 연구소에서 수석 과학자로 일하고 있다.

데이비드 윌킨슨 (David Wilkinson, 1935~2002년)

—

미국 힐스데일에서 태어난 데이비드 윌킨슨은
빅뱅이 남긴 방사선 연구의 개척자 중 한 사람이었다.
평생 프린스턴 대학교에서 학자 생활을 했고,
줄곧 로버트 디키 연구 단체에 몸을 담았다.
나사의 위성 건설에도 가담했는데
사후에 그의 이름을 붙여 위성의 이름을
WMAP(윌킨슨 초단파 탐사선)라 지었다.

천체물리학자 아메데오 발비가 밝히는 이 책을 내기까지의 긴 여정

실존 인물과 실화를 배경으로 한 작품들 대부분에게 그러하듯이, 이쯤되면 독자들은 《코스믹코믹》에 대해서도 이런 의문을 품게 될 것이다. 어디서부터 어디까지가 진짜이고, 지어낸 이야기일까? 나는 그에 대해 '모두 진실입니다!'라고 대답할 수 있고, 그다지 까다롭지 않은 독자들이라면 수긍할 것이다. 그러나 세상일이 그렇게 호락호락하지가 않다.

그럼 이렇게 생각해 보자. 이 만화에는 적어도 세 종류의 진실이 있다.

첫 번째는 이야기 속에 포함된 과학적 개념들이다. 이 개념들은 최대한 독자들에게 믿음을 주기 위해 대중적인 용어로 설명했다. 다시 말해, 독자들이 《코스믹코믹》 속에서 읽은 과학은 올바른 것이고 실제 천문학 지식을 반영하고 있는 것이다.

두 번째 진실은 등장인물이다. 이 책에 등장하는 인물들은 실제로 존재했다.(물론 내가 말하는 인물들은 그림에 있는 모든 인물이 아니라 '등장인물' 부분에 나열된 주인공들이다) 그런데 여기서 문제가 조금 복잡해진다. 역사 자료를 찾아 읽으면서 주인공의 개성을 되살리려고 최선을 다했고, 대사들은 실제로 그들이 언급했거나 글로 남긴 내용이다. 하지만 역사의 내용을 하나의 장면으로 표현할 때 약간의 자유의지와 상상력이 동원되는 것은 피할 수 없는 일이다.

마지막 세 번째 진실은 사건이 일어난 방식과 세부적인 배경에 관한 것이다. 그런데 이 진실에는 두 가지 이유 때문에 자유의지가 조금 더 포함되어 있다. 첫 번째 이유는 간략하고 흐름에 맞게 이야기를 해야 하기 때문이고, 두 번째는 직접적인 증언이 없는 이상 사건이 어떻게 진행됐는지 실제로 알기란 불가능하기 때문이다. 그래도 역사적 사실이나 사건의 본질을 왜곡하지는 않았다. 유일하게 내가 다르게 표현한 부분은 허블과 휴메이슨이 처음 만나는 장면이다. 사실, 허블이 1919년 마운트 윌슨 천문대에 왔을 때, 휴메이슨은 이미 야간 관측 조수로 승진한 상태였다. 그러니까 1923년도에는 두 사람이 만나서 이미 어느 정도 함께 일하고 있었던 때였다. 하지만 나는 그 전설과 같은 장면에서 이들이 현대 과학에서 무척 중요한 콤비라는 이미지도 보여 주고, 동시에 각자의 특성도 부각시키고 싶었다.

어쨌든 어쩔 수 없이 창작을 해야 했던 몇 부분을 제외하고 이 책의 내용은 모두 실화다. 이제 모든 것이 완벽하게 정확할 필요는 없다고 생각하는 독자들은 조용히 넘어갈 것이다. 그러나 더 상세한 설명이 필요하다면 이 책을 쓸 때 참고한 출처들을 찾아보기 바란다. 사실 천문학 역사에 관한 일반적인 내용들은 《코스믹코믹》에도 많이 들어가 있는데, 내가 참고로 한 서적은 데니스 오버바이(Dennis Overbye)의 《우주의 고독한 심장(Lonely Hearts of the Cosmos)》과 사이먼 싱(Simon Singh)의 《빅뱅(Big Bang)》이다.

책의 처음, 아노 펜지어스가 말한 어린 시절의 기억들은 그의 저서 《우주의 기원》에 언급했던 이야기를 바탕으로 한 것이다. 허버 커티스와 할로 섀플리가 1920년 벌인 논쟁의 전체적인 내용은 http://tinyurl.com/06tqeo9에서 찾아볼 수 있다. 커티스의 마지막 문장은 논쟁 중에 언급하기도 했지만, 이미 한 해 전에 글로도 남긴 내용이다. 이에 관한 내용은 사이먼 싱의 책과 아닐 아난타스와미(Anil Ananthaswamy)의 《물리학의 최전선(The edge of Physics)》에 기재되어 있다.

알버트 아인슈타인을 인터뷰하는 장면은 1919년 실제로 베를린에서 발간된 〈뉴욕 타임즈〉의 유명한 인터뷰 기사에서 아이디어를 얻었는데, 이와 관련한 내용은 http://tinyurl.com/qaa9gk9에서 찾아볼 수 있다. 원래의 인터뷰에서는 아인슈타인이 한 남자가 지붕에서 떨어졌는데 쓰레기 더미 위로 떨어져 목숨을 구하는 장면을 봤다고 말했다. 그 내용이 담긴 보고서는 객관적으로 보면 오히려 더 믿기 힘들 정도로 정확성이 떨어져 아인슈타인의 이력을 의심하게 만들었다. 예를 들어, 월터 아이작슨(Walter Isaacson)의 《아인슈타인: 그의 생애와 우주(Einstein: His Life And The Universe)》를 참고해 보면 이해가 갈 것이다. 당시 독일의 정치적 분위기와 아인슈타인의 충격적인 모습에 대해서는 제로엔 반 돈젠(Jeroen van Dongen)의 논문 〈반동자와 아인슈타인의 명성: 순수과학을 보존하려는 독일 과학자들과 상대성이론, 그리고 형편없는 나우하임 회의(Reactionaries and Einstein's Fame: German Scientists for the Preservation of Pure Science, Realtivity, and the Bad Nauheim Meeting)〉에 자세히 나와 있다(http://tinyurl.com/ogpkjtv).

펜지어스와 윌슨이 비둘기들을 죽이는 내용은 여기저기에 많이 나와 있는데 그중에서 2005년 NPR 라디오 방송 인터뷰를 찾아보기 바란다.(온라인으로 들으려면 http://tinyurl.com/pknuaxo에 접속하면 된다) 정상우주론이 공포영화를 보고 떠오른 아이디어라는 이야기는 우주론 역사에서는 전설 같은 이야기이고 사람들에게 널리 알려져 있다(혹시 모르는 사람은 사이먼 싱의 책을 읽어보라). 이 책에서는 영화를 본 후 술집에서 이야기를 나누는 장면이 추가됐다.
조지 르메트르의 마지막 말은 장 피에르 뤼미네(Jean-Pierre Luminet)의 논문 〈신화에서 이론과 관찰로, 빅뱅 모형의 부상(The Rise of Big Bang Models, from Myth to Theory and Observations)(http://tinyurl.com/qysaq27)〉에 언급되어 있는데, 이 논문에는 르메트르 본인과 다른 빅뱅 개발자들이 맡았던 역할도 자세하게 설명되어 있다.
그림의 배경에 관해 이야기하자면, 각 장면을 그려 넣을 때마다 되도록 그 장소의 당시 사진 자료를 조달해 매우 세심하게 작업했다.
마지막으로, 이 책에 등장하는 인물 중 그 누구도 본인에 대한 묘사에 간섭하지 않았으며 등장인물 본인, 혹은 그 후손들이 만화로 출간해도 좋다고 허락했다.

아메데오 발비

후 기

다른 사람과 함께 일을 한다는 것은 언제나 모험이지만, 나는 아주 운이 좋았다. 로사노 피치오니는 단어에 뼈와 살을 붙였고, 그가 또 어떻게 생명을 불어넣을지 궁금해서 나는 계속 다음 스토리보드를 써내려갔다.
만화 작업이라는 고된 일을 하게 만든 내가 봤던 첫 만화(어떤 만화였는지는 기억이 안 난다)가 고맙고, 할 수 있다는 가능성을 일깨워 준 짐 옥타비아니와 릴런드 마이릭, 우리를 처음으로 믿어 준 조르지오 지아노토, 부족한 부분을 채워 준 엔리코 카사데이, 그리고 이 책에 출판 코드를 붙여 준 비토리오 보(이 친구에게도 감사한다)의 이 작은 보석에 참여한 모든 스탭들에게 감사의 마음을 전한다.
그리고 항상 모든 것이 고마워, 일라리아.

아메데오 발비

나와 삶을 함께 해 주고, 내 곁에 있어 주고, 가끔 올바른 길을 안내해 주는 사브리나, 고마워. 당신은 내 비밀병기야. 언제나.
아메데오 발비 씨 감사합니다. 우리가 올해 함께 작업하면서 만든 노래는 《코스믹코믹》 사이사이에서 볼 수 있을 거예요. 작가님의 머릿속에 있는 장면을 그리는 것이 제게는 큰 기쁨이자 즐거움이었습니다.
내 곁에 붙어서 꼼짝 못하게 하던 엔리코 카사데이 씨, 고마워요. 잘 하셨어요.
마지막으로 아노와 로버트, 알버트, 에드윈, 밀턴, 조지, 그리고 위대한 발견과 환상적인 삶을 우리에게 선물한 모든 과학자들에게 감사의 마음을 전합니다.

로사노 피치오니

《코스믹코믹》이 탄생하기까지 꼬박 일 년이 걸렸습니다. 이 위대한 탄생의 배경에는 자신의 경험과 프로다운 노련함, 아이디어, 임기응변 능력, 용기를 쏟아 부은 한 사람이 있었습니다. 그 사람이 없었다면 《코스믹코믹》이 이렇게 훌륭하게 나오지 못했거나, 아예 제작도 되지 않았을지 모릅니다. 루카 블렌지노 씨, 감사합니다.

편집자, 작가

그림 제작 과정

아메데오의 시나리오를 시작으로…

30번 보드

보드 전체. 우주 공간을 표류하는 방 전체 모습이 보인다(평행육면체, 3차원 형태라는 느낌이 들도록 약간 위에서 내려다 본 모습). 방 안에서 아인슈타인과 리포터, 각종 집기들이 중력이 없는 것처럼 진공 속에 떠 있다.

참고: 외부에서 본 방 전체 모습을 담을 수 없다면, 한 면만 프레임에 넣어도 충분함. 단, 우주 공간이 방의 위, 아래에 보여서 방이 진공 속에 떠 있다는 것을 알도록 해야 함.

(아인슈타인)
… 우주 저 먼 곳에 표류하고 있다고 말입니다.
(같은 프레임)
지구에서 작용하는 중력이 없으니,
그 어떤 무게도 느끼지 못하고
우리는 이 방 안에서 둥둥 떠다닐 겁니다.

로사노가 일단
윤곽을 먼저 잡아요.

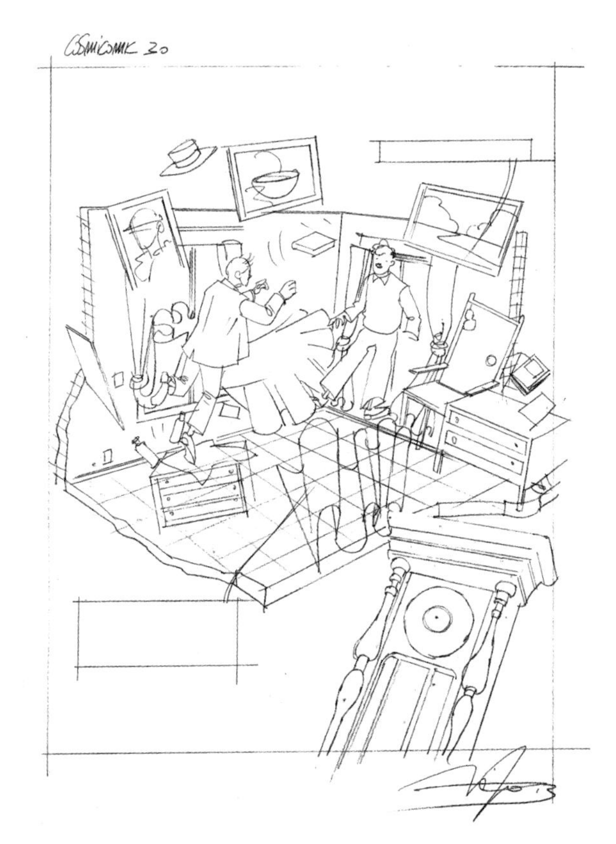

오케이 사인이 떨어지면
연필 스토리보드가 만들어지죠.

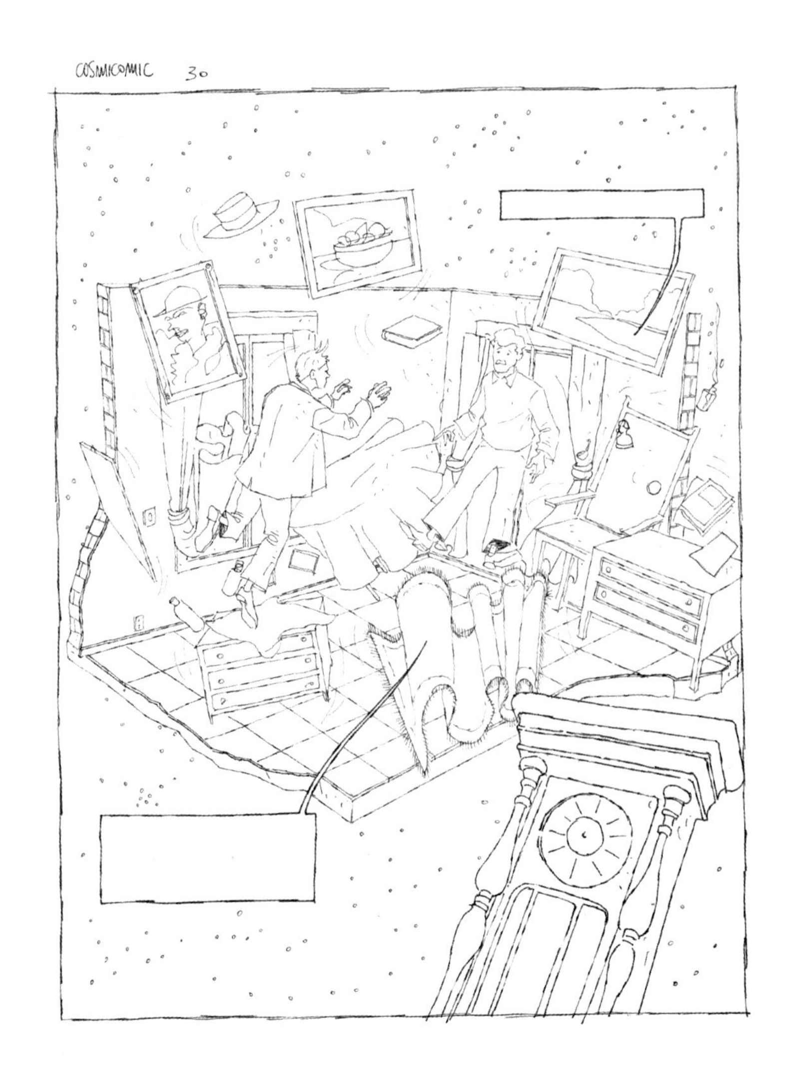

연필 위에 잉크펜을 덧칠하고 나면…

... 마지막 디지털 컬러링
단계로 넘어가죠.

65번 보드

1-2

기차가 멈춰 있고, 한 출입문에서 50대 남자가 내리는 모습이 보인다. 남자의 옆에는 한 여자가 함께 서 있다. 알버트 아인슈타인과 그의 아내 엘사 부인이다.

3

앞쪽에 닉과 휴메이슨이 있다.
닉이 놀란 표정을 짓고 있다.
휴메이슨은 아인슈타인이 볼 수 있도록 한 손을 들어 흔든다.
(닉)
이봐, 저 분은….
(휴메이슨)
아인슈타인 교수님, 여깁니다!

4

휴메이슨이 닉의 어깨를 두드리며 인사를 건네고, 닉은 여전히 놀란 얼굴이다.
(휴메이슨)
만나서 반가웠고, 나한테 100달러 주는 것 잊지 말게!

5

휴메이슨과 아인슈타인, 엘사가 간격을 두고 자동차로 다가간다.
차종은 피어스 에로우 투어링(Pierce Arrow Touring).

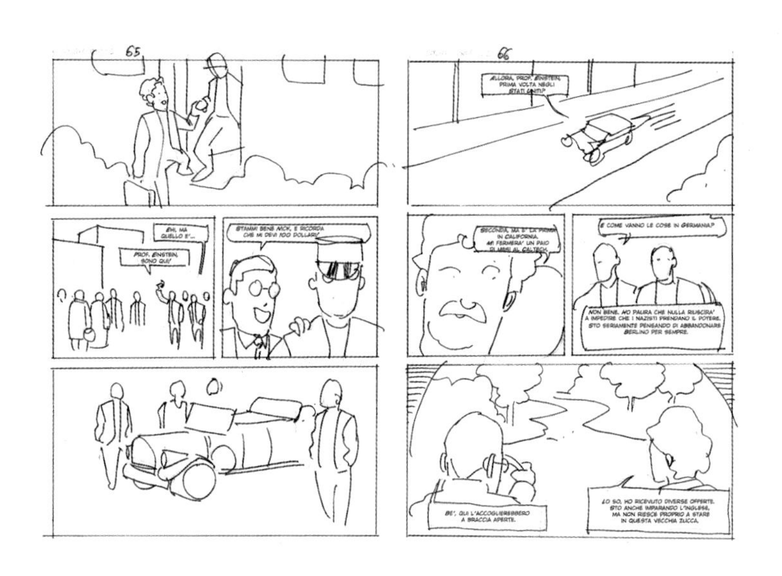
65
EHI, MA QUELLO E'...
PROF. EINSTEIN, SONO QUI!
STAMMI BENE NICK, E RICORDA CHE MI DEVI 100 DOLLARI!
66
ALLORA, PROF. EINSTEIN, PRIMA VOLTA NEGLI STATI UNITI?
SECONDA, MA E' LA PRIMA IN CALIFORNIA. MI FERMERA' UN PAIO DI MESI AL CALTECH.
E COME VANNO LE COSE IN GERMANIA?
NON BENE. HO PAURA CHE NULLA RIUSCIRA' A IMPEDIRE CHE I NAZISTI PRENDANO IL POTERE. STO SERIAMENTE PENSANDO DI ABBANDONARE BERLINO PER SEMPRE.
BE', QUI L'ACCOGLIEREBBERO A BRACCIA APERTE.
LO SO, HO RICEVUTO DIVERSE OFFERTE. STO ANCHE IMPARANDO L'INGLESE, MA NON RIESCE PROPRIO A STARE IN QUESTA VECCHIA ZUCCA.

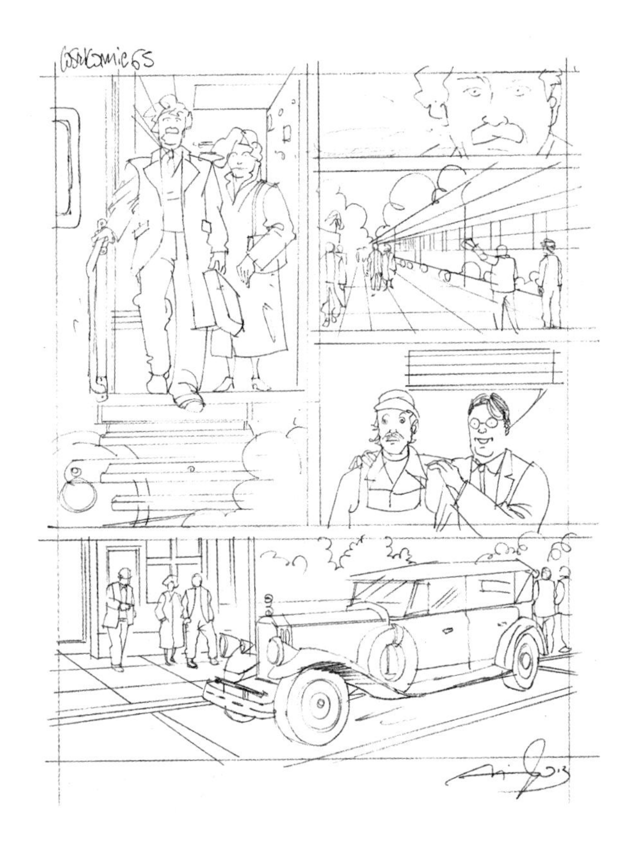
65

COSMICOMIC 65

EHI, MA QUELLO E'...
PROFESSOR EINSTEIN, SONO QUI!
STAMMI BENE NICK, E RICORDA CHE MI DEVI 100 DOLLARI!

코 스 믹 코 믹

초판 1쇄 발행 2014년 9월 1일
초판 2쇄 발행 2014년 12월 15일

글 아메데오 발비
그림 로사노 피치오니
옮긴이 김현주
감수 이강환
펴낸이 윤미정

편집 박이랑
홍보 마케팅 하현주
디자인 김영주

펴낸곳 푸른지식 **출판등록** 제2011-000056호 2010년 3월 10일
주소 서울특별시 마포구 월드컵북로 16길 41 2층
전화 02)312-2656 **팩스** 02)312-2654
이메일 dreams@greenknowledge.co.kr
블로그 www.gkbooks.kr

ISBN 978-89-98282-15-8 03440

우주에서 보낸 신호를 들어보세요.
(The Sound of Big Bang)